活性炭-微波处理典型有机废水

宁 平　冯权莉　著

北 京
冶金工业出版社
2015

内 容 提 要

本书采用活性炭-微波协同处理法对阿莫西林制药废水、淡酒液废水及亚麻沤制废水三种典型有机废水进行了实验研究，介绍了典型有机废水的处理与回收。

本书可供从事环境科学、环境工程、化学与化工、制药工程、冶金工程、食品工程、农业工程及生物工程等领域的工程技术人员、科研人员、教师以及研究生参考使用。

图书在版编目（CIP）数据

活性炭-微波处理典型有机废水/宁平，冯权莉著. —北京：冶金工业出版社，2015.5

ISBN 978-7-5024-6928-3

Ⅰ.①活…　Ⅱ.①宁…　②冯…　Ⅲ.①有机废水--活性炭过滤法　Ⅳ.①X703

中国版本图书馆 CIP 数据核字（2015）第 100253 号

出 版 人　谭学余
地　　址　北京市东城区嵩祝院北巷 39 号　邮编　100009　电话　（010）64027926
网　　址　www.cnmip.com.cn　电子信箱　yjcbs@cnmip.com.cn
责任编辑　杨盈园　陈慰萍　美术编辑　彭子赫　版式设计　孙跃红
责任校对　卿文春　责任印制　牛晓波
ISBN 978-7-5024-6928-3
冶金工业出版社出版发行；各地新华书店经销；固安华明印业有限公司印刷
2015 年 5 月第 1 版，2015 年 5 月第 1 次印刷
169mm×239mm；10 印张；201 千字；147 页
38.00 元

冶金工业出版社　投稿电话　（010）64027932　投稿信箱　tougao@cnmip.com.cn
冶金工业出版社营销中心　电话　（010）64044283　传真　（010）64027893
冶金书店　地址　北京市东四西大街 46 号（100010）　电话　（010）65289081（兼传真）
冶金工业出版社天猫旗舰店　yjgycbs.tmall.com

（本书如有印装质量问题，本社营销中心负责退换）

前　言

　　有机污染物主要来自塑料、合成纤维、化工、造纸、皮革、制药、酒精生产等，不仅在水中存在时间较长，而且危害较大。

　　自从1928年青霉素被英国细菌学家弗莱明发现以来，抗生素就被作为药物广泛使用。近年来，随着科学技术的快速进步和生活水平的不断提高，人们对抗生素的需求量越来越大。目前，我国既是抗生素的使用大国，也是抗生素生产大国，年产抗生素原料大约21万吨，占世界产量的20%~30%，已经成为世界上主要的抗生素制剂生产国之一。据统计，2000年我国阿莫西林原料药产量为1962t，约占世界总产量25%；2006年达到11095t，占全球产量的近60%；2009~2011年，年产量达到14000余吨，占全球产量的60%以上。

　　大量抗生素的生产，必然会产生大量的有机废水。这类废水由于残留有部分营养物质而具有高COD、高SS、pH值波动大、温度高、色度和气味重，其间歇生产的特点导致排放水质、水量波动大，如果直接排放这类废水，其内的残留抗生素不仅能诱导病原菌产生耐药性，可能导致产生生存能力极强的能杀死环境中某些微生物或抑制某些微生物生长和繁衍的细菌，而且还会破坏环境中原有的生态平衡，对生态造成极大的威胁。因此，对该类有机废水的治理尤为重要。早在20世纪40年代，欧美日等发达国家和地区就开始着手处理这类有机废水了，但由于受技术条件的限制，一直到目前为止仍主要采用活性污泥法、生物滤池、厌氧-好氧联用等技术进行处理。这些处理技术不仅构筑物体积庞大、基建费用高、处理成本高，而且处理后的水质还难以达标（《化学合成类制药工业水污染物排放标准》（GB 21904—2008））。因此利用一些新兴的反应设备如微波装置、膜反应器等，研究建设投资少、占地面积小、处理成本低、效果好、管理方便的抗生素制药废水的处理技术，维持水资源可持续利用，实现水资源的良性循环，具有极其重要的社会和经济意义。

　　酒精作为重要的溶剂和化工原料而广泛应用于化学工业和医药卫生事业，它既是饮料酒工业的基础性原料，也是一种方便且较干净的液体（或固体）燃料。其生产方法，有以植物系物质为原料的发酵法和以石油系物质为原料的化学合成法，目前仍以发酵法为主。

　　我国发酵法酒精的年产量（商品酒精）在 300 多万吨左右，另有酿酒厂自产自用的酒精约 200 多万吨。液态法白酒的发展，大大地促进了我国酒精工业的发展，这是我国酒精工业发展的一大特色。现在，我国是世界上发酵法酒精产量占第三位的酒精生产大国，也是饮用酒产量最大的国家。

　　酒精工业生产过程中，从密封的发酵罐出来的二氧化碳气体，首先要除去其中夹带的泡沫，然后通过一个内填焦炭的气体洗涤器，从洗涤器顶部的喷淋水中捕集到的淡酒液与在杂醇油分离器产生的淡酒液主要含有乙醇（4%～8%）、少量脂类和酸类物质。

　　目前对这类淡酒液主要采用直接排放的方法。由于淡酒液中的乙醇含量很低，且水和乙醇可形成共沸物，故传统的加热分馏方法很难将之分离，而用一般的废水处理技术又很难达到预期效果。

　　活性炭是一种黑色多孔性固体吸附材料，广泛应用在环境保护中，用于消除大气污染的脱硫脱氮、各种工业废水的处理等。活性炭对水中的有机物具有很强的吸附能力。若采用活性炭吸附法进行处理，对于阿莫西林废水，可以使废水达标排放；对于淡酒液，既可回收其中的乙醇，又可节约用水量及解决环境污染问题。

活性炭吸附法经济可行的决定因素除了吸附过程的理论研究基础外，活性炭再生方式的选择及其理论研究也同样重要，否则势必会带来治理成本高、造成二次污染、治理不彻底等问题。

自 20 世纪 70 年代初以来，采用粒状活性炭处理工业废水，不论是在技术上还是在应用范围和处理规模上都发展很快，如在印染废水、化工废水、造纸废水、电镀废水、炼油废水和炸药废水处理等方面都已有了较大规模的应用，并取得了满意的效果。目前，活性炭吸附法已成为城市污水、工业废水深度处理和污染水源净化的一种有效手段。

随着活性炭吸附法的应用范围日趋广泛，活性炭的回收开始得到了人们的重视。如果用过的活性炭无法回收，除了处理费用会增加外，还会对环境造成二次污染。活性炭吸附法的经济性主要取决于再生方式。目前，活性炭再生方法主要有加热再生法、药剂再生法、生物再生法、化学再生法、湿式氧化再生法等几大类。其中加热再生法是各种再生方法中应用、研究最多也是最成熟的一种方法。传统变温解吸可通过间接加热吸附剂或直接与热气体接触来实现。对活性炭，常利用水蒸气来解吸，由于活性炭热传导系数较低，要使整个固定床加热到吸附质被解吸的温度，需加热的时间很长。变温解吸的另一缺点是能量消耗大，再生不仅需要将吸附质提升到解吸所需温度，而且为使吸附剂进一步活化，还需将温度进一步升到吸附剂的活化温度，且经多次加热冷却后，烧损严重。如果利用过热蒸汽再生，固定床在重新吸附前还要再干燥。如果解吸的有机物含水，还须设置水和有机物的分离设备。

与传统的热再生方法相比，微波加热解吸再生有以下优点：

（1）微波对反应物起深层加热作用；

（2）微波加热温度均匀；

（3）解吸速度快；

（4）在微波辐照下，各种被蒸发的吸附质的电子损失不同，因此能实现对吸附质的选择加热。

用活性炭-微波联用技术处理阿莫西林生产废水和水中低浓度的乙醇，可以实现阿莫西林废水达标排放、乙醇的回收和活性炭的再生。这项作为典型有机废水处理技术开发研究的成功可推广至其他有机废水的处理，这在发展我国制药工业、酒精工业和对含有机物的废水处理有着重要的意义，特别是对含量低、用一般精馏不易分离的有机共沸物和提高资源利用率等方面有广阔的应用前景。

本书是作者十几年研究成果的总结，先后有三位研究生和博士生参与研究。这些研究包括：

（1）将活性炭微波联用技术应用到阿莫西林废水的处理中，取得了很好的处理效果，COD 排放浓度远远优于目前国家排放标准。微波加热-溶剂萃取法常常被用于提取食品中成分的实验研究，本书尝试将这种方法应用于活性炭的再生中，即将活性炭所吸附的有机污染物比拟为活性炭中的固有成分，以微波作为热源，乙醇作为萃取剂进行萃取实验，最终达到活性炭的再生。

（2）对载乙醇活性炭而言，将真空技术与微波解吸技术相结合，实现了微波解吸技术的高效分离提纯效果。相关实验证明：在以微波为加热源的情况下，减压蒸馏的分离效果被微波的选择性加强。在真空条件下进行解吸操作，微波解吸的分离效果更好，且比起在氮气氛围中解吸，载乙醇活性炭的真空解吸速度更快。据此，提出了微波共沸精馏理论。

（3）提出的 IAS 理论需要大量数值模拟，包括数值积分。当以 D-R 方程作纯组分吸附等温线时，该理论对数值积分的精度要求严格。AHEL 模型的合理应用与纯组分 Unilan 吸附等温线的参数有关。

在本书即将付梓之际，我要感谢我的导师宁平教授，感谢他多年来对我的培养和指导。宁老师谦虚朴实、平易近人，他渊博的知识和严谨求实的治学态度以及忘我敬业的工作态度深深地影响着我。在学习上，宁老师教给了我大量的专业知识和实验技能，让我受益匪浅。在生活中，宁老师也给予了我无微不至的关怀，令我十分感动。另外，非常感谢分析实验中心和环工学院实验室的老师，感谢他们给予的耐心指导和鼎力相助，祝愿他们在以后的工作和生活中身体健康、一帆风顺。感谢我的师兄师弟师姐师妹：王学谦、陈玉宝、高鸿、郜华萍、马林转、张爱敏、张德华、黄小凤、邓春玲等，感谢我的学生连明磊、史春梅、樊晓丽、孙创、刘红兵等。感谢研究生院、环工学院对我的培养，感谢化工学院对我学习和工作的支持，感谢在我求学路上所有帮助和支持我的老师、同学和朋友。特别感谢我的家人多年来对我学习、工作、生活上的理解、关心、支持和帮助。

本书第 1、2 章由宁平撰写，其余章由冯权莉撰写。

限于著者水平，书中未能尽善之处，还期盼读者多加指正。

冯权莉

2015 年 3 月

目　录

1

活性炭吸附与微波加热基础理论

1.1　活性炭吸附基础理论

固体表面由于存在着未平衡的分子引力或化学键力而使所接触的气体或溶质被吸引并保持在固体表面上，这种表面现象称为吸附[1]。固体都有一定的吸附作用，但具有实用价值的吸附剂是比表面积较大的多孔性固体。

依据吸附剂再生方式的不同，吸附法可分为变温吸附（Temperature Swing Adsorption，TSA）和变压吸附（Pressure Swing Adsorption，PSA）。

TSA 主要是根据各吸附等温线的斜率不同，在低温下吸附剂的吸附容量增大而吸附，当压力不变而温度升高时，吸附剂的吸附容量减小而解吸，同时吸附剂再生。可以采用过热水蒸气、烟道气和电感加热来加热吸附剂床层，以提高吸附剂的温度，但加热后的终温需控制，以免吸附剂失活或晶体结构破坏。

PSA 指的是气体组分或溶液经气化后的气体，由于其吸附等温线斜率的变化和弯曲度的大小，在系统压力变化的情况下，被吸附剂吸附分离。在 PSA 循环过程中，系统不断地加压、减压或抽真空，消耗了大量的能量，因此，在操作时必须控制加压和抽真空后系统的压力，以取得最佳的操作条件，减少能量的消耗。

1.2　微波加热基础理论

微波是频率在 300MHz ~ 300GHz 的电磁波，从大约 100 亿年前宇宙诞生以来它就已经存在了。1965 年 AT&T 贝尔实验室的 Arno Penzias 和 Robert Wilson 发现了几乎各向同性和等温的宇宙背景辐射，此辐射场即由低能微波组成[2]。

微波加热是一种内加热，具有加热速度快、加热均匀、对加热物质有选择性、无滞后效应等优点，在有机合成、无机材料制备、物料干燥、食品工业和医药行业中有着十分广泛的应用。其至在环境工程领域，微波在气体污染物处理、固体废弃物的处理、土壤修复、油水分离等方面也显示出独特的效果[3]。

因为微波的应用极为广泛，为了避免相互间的干扰，供工业、科学及医学使用的微波频段是不同的。目前最常用的两个频率是 915MHz 和 2450MHz。电能转化为 2450MHz 微波能的效率约为 50%，转化为 915MHz 微波能的效率约为 85%。

家用微波炉选用的频率一般为2450MHz；在工业上，由于所需要的微波谐振腔体积较大，一般选用915MHz。微波辐射技术已经显示出其无与伦比的优越性，可以预见在未来的工业应用中具有广阔的应用前景。

1.2.1 微波与材料的相互作用

微波在传输过程中遇到不同材料时，会产生反射、吸收和穿透现象。这些现象及其程度、效果取决于材料本身的几个主要的固有特性：相对介电常数（ε_γ），介质损耗角正切（$\tan\delta$，简称介质损耗）、比热容、形状、含水量的大小等。

1.2.1.1 微波与常用材料的相互作用

在微波加工系统中，常用的材料有导体、绝缘体、介质、极性和磁性化合物几类。

（1）导体。一定厚度以上的导体，如铜、银、铝之类的金属，能够反射微波。因此在微波系统中，常利用导体能反射微波的性质来传播微波能量。例如微波装置中常用的波导管，就是矩形或圆形的金属管，通常由铝或黄铜制成。它们像光纤传导光线一样，是微波的通路。

（2）绝缘体。在微波系统中，绝缘体有其完全不同于普通电路中的地位。绝缘体可透过微波，并且它吸收的微波功率很小。微波和绝缘体相互间的影响，就像光线和玻璃的关系一样，玻璃使光线小部分地反射，大部分则透过，只有很小部分被吸收。在微波系统中，根据不同情况使用玻璃、陶瓷、聚四氟乙烯、聚丙烯塑料之类的绝缘体，它们常作为反应器的材料。由于这种"透明"特性，绝缘体常在微波工程中用来防止污物进入某些要害部位，这时的绝缘体就成为有效的屏障。

（3）介质。对微波而言，介质具有吸收、穿透和反射的性能。介质通常就是被加工的物料，它们能不同程度地吸收微波的能量，这类物料也称为有耗介质。特别是含水和含脂肪的食品，它们能不同程度地吸收微波能并将其转变为热量。

（4）极性和磁性化合物。这类材料的一般性能非常像介质材料，也反射、吸收和穿透微波。应当指出，由于微波能量具有能对介质材料和有极性、磁性的材料产生影响的电场和磁场，因此许多极性化合物、磁性材料同介质材料一样，也宜作微波加工材料。

1.2.1.2 微波对介质的穿透性质

微波进入物料后，其微波能被物料吸收并转变为热能，其场强和功率不断地被衰减，即微波透入物料后就进入衰减状态。不同的物料对微波能的吸收衰减能力是不同的，这随物料的介电特性而定。衰减状态决定着微波对介质的穿透能力。

当微波进入物料时，物料表面的能量密度是最大的，随着微波向物料内部的渗透，其能量呈指数衰减，同时微波的能量释放给了物料。渗透深度可表示物料对微波能的衰减能力的大小，一般它有两种定义：

（1）渗透深度为微波功率从物料表面减至表面值的 1/e（36.8%，e 为自然对数底值）时的距离，用 D_E 表示。

$$D_E = \frac{\lambda_0}{\pi\sqrt{\varepsilon_\gamma \tan\delta}} \tag{1-1}$$

式中　λ_0——自由空间波长；

　　　ε_γ——相对介电常数；

　　　$\tan\delta$——介质损耗。

（2）微波功率从物料表面衰减到表面值的 1/2 时的距离，即半功率渗透深度 $D_{1/2}$，其表示式为：

$$D_{1/2} = \frac{3\lambda_0}{8.686\pi\sqrt{\varepsilon_\gamma \tan\delta}} \tag{1-2}$$

渗透深度随波长的增大而变化，换言之，它与频率有关，频率越高，波长越短，其穿透力也越弱。在 2450MHz 时，微波对水的渗透深度为 2.3cm，在 915MHz 时增加到 20cm；在 2450MHz 时，微波在空气中的渗透深度为 12.2cm，在 915MHz 时为 33.0cm。

由于一般物体的 $\pi\sqrt{\varepsilon_\gamma \tan\delta} \approx 1$，微波渗透深度与所使用的波长是同一数量级的。这个结论也揭示了一个电磁场穿透能力的物理特性。由此可知，目前远红外线加热常用的波长仅为十几个纳米，因此，与红外、远红外线加热相比，微波对介质材料的穿透能力要强得多。

穿透能力差的加热方式，对物料只能进行表层加热，从整个物料的加热情况来看，属常规加热范畴。而微波依靠其穿透能力较强的特点，能深入物料内部加热，使物料表里几乎同时吸热升温，形成体热状态加热，其加热方式显然有别于热传导加热。由此，微波加工工艺带来一系列不同的加热效果。

1.2.2　微波加热原理

一般来说，介质在微波场中的加热有两种机理，即离子传导和偶极子转动。在微波加热的实际应用中，两种机理的微波能耗散同时存在[4~8]。

1.2.2.1　离子传导机理

离子传导是电磁场中可离解离子的导电移动，离子移动形成电流，由于介质对离子的阻碍而产生热效应。溶液中所有的离子起导电作用，但作用大小与介质中离子的浓度和迁移率有关。因此，离子迁移产生的微波能量损失依赖于离子的大小、电荷量和导电性，并受离子与溶液分子之间的相互作用的影响。

1.2.2.2 偶极子转动机理

介质是由许多一端带正电、一端带负电的分子（或偶极子）组成。如果将介质放在两块金属板之间，介质内的偶极子做杂乱运动。当直流电压加到金属板上，两极之间存在一直流电场，介质内部的偶极子重排，形成有一定取向的、有规则排列的极化分子。若将直流电换成一定频率的交流电，两极之间的电场会以同样频率交替改变，介质中的偶极子也相应快速摆动。在2450MHz的电场中，偶极子以4.9×10^9次/s的速度快速摆动。由于分子的热运动和相邻分子的相互作用，偶极子随外加电场方向的改变而做规则摆动时会受到干扰和阻碍，产生了类似于摩擦的作用，使杂乱无章运动的分子获得能量，并以热的形式表现出来，介质的温度也随之升高。

偶极子加热的效率与介质的弛豫时间、温度和黏度有关。而温度和介质离子的迁移率、浓度和介质的弛豫时间决定两种能量转换机理对加热的贡献。

根据德拜理论，极性分子在极化弛豫过程中的弛豫时间τ，与外加交变电磁场极性改变的圆频率ω有关，在微波频段时有$\omega\tau \approx 1$的结果。以我国工业微波加热设备常用的两种微波工作频率915MHz和2450MHz计算，得到τ为$10^{-11} \sim 10^{-10}$s数量级。因此，微波能在物料内转化为热能的过程具有即时特征，对物料加热无惰性，即只要有微波辐射，物料即刻得到加热；反之，物料得不到微波能量就停止加热。这种使物料瞬时得到或失去加热动力（能量）来源的性能，符合工业连续自动化生产加热要求。加热过程中无需对热介质、设备等做预加热处理[9]，从而避免了预加热额外能耗。

1.2.2.3 物料吸收微波能量的数学描述

物料从电场吸收的能量可描述[10]为：

$$P = 2\pi f E^2 \varepsilon_0 \varepsilon_\gamma \tan\delta \tag{1-3}$$

式中，P是单位体积吸收的能量，W/m；f是频率；E是物料内的电场强度，V/m；ε_0是自由空间的介电常数，$\varepsilon_0 = 8.854 \times 10^{-12}$F/m；$\varepsilon_\gamma$是相对介电常数；$\tan\delta$是损耗角正切。

加热物料所需的能量可描述为：

$$J = m \times s \times \theta_\gamma \tag{1-4}$$

式中，m是物体的质量，kg；s是比热，J/(kg·C)；θ_γ是升高的温度，℃。

功率为能量的变化速率：

$$\frac{\mathrm{d}J}{\mathrm{d}t} = m \times s \times \frac{\mathrm{d}\theta_\gamma}{\mathrm{d}t} \tag{1-5}$$

将此式与式（1-3）结合得：

$$m \times s \times \frac{\mathrm{d}\theta_\gamma}{\mathrm{d}t} = P \times V = 2\pi f E^2 \varepsilon_0 \varepsilon_\gamma \tan\delta \times V \tag{1-6}$$

将 $V = \dfrac{m}{\rho}$ 代入得：

$$\frac{\mathrm{d}\theta_\gamma}{\mathrm{d}t} = \frac{2\pi f E^2 \varepsilon_0 \varepsilon_\gamma \tan\delta}{\rho \times s} \tag{1-7}$$

可见当微波频率一定时，物料在微波场中温度的上升速率主要取决于三个参数：E、ε_γ、$\tan\delta$。相对介电常数 ε_γ 和损耗角 $\tan\delta$ 随温度和频率的变化波动很大。

1.2.3 微波加热与常规加热的区别及其特点[11,12]

微波加热与常规的物料加热方法相比，有本质差别。常规加热依赖一个或多个传热机制，如传导、对流或辐射，将热能传递给物料。在这三种机制中，能量都积聚在物料表面，导致在物料中形成温度梯度，促使热由表面向中心传递，因此温度梯度总是指向物料内部，在表面处温度最高。在微波加热中，微波可与表面的物料相作用，但也穿过表面，与物料的中心部分相作用。在微波辐射穿过物料的过程中，电磁能被转变成遍布于物料各处的热能。由于微波加热速率不受通过表面层的传导的限制，物料可被更快速地加热。

微波加热的另外一个重要方面是，它形成与常规加热方向相反的温度梯度。也就是说，最高的温度在物体的中心，热由中心向外传递。对于物料干燥这样的操作，这种作用是非常有益的。除了温度梯度的方向相反之外，与常规加热相比，这个梯度较小，因为热在接受辐射的物料的所有部分生成。这种作用减小了物料内部的压力，有助于消除内部压力过大时发生的破裂等问题。

可见，微波加热具有如下特点：

（1）加热速度快。常规加热如火焰、热风、电热、蒸汽等（称之为外部加热），要使中心部位达到所需的温度，需要一定的时间，导热性较差的物体所需的时间更长。微波加热是使被加热物本身成为发热体（称之为内部加热），不需要热传导的过程，内外同时加热，因此能在短时间内达到加热效果。

（2）加热均匀。常规加热时，为提高加热速度，需要升高加热温度，容易产生外焦内生现象。微波加热时，物体各部位通常都能均匀渗透电磁波，产生热量，因此均匀性大大改善。

（3）节能高效。在微波加热中，微波能只能被加热物体吸收而生热，加热室内的空气与相应的容器都不会发热，所以热效率极高，生产环境也明显改善，还可避免加热过程中火灾的发生。

（4）易于控制。微波加热的热惯性极小，若配用微机控制，则特别适宜于加热过程加热工艺的自动化控制。

（5）低温杀菌、无污染。用于食品加工时，微波能自身不会对食品污染，微波的热效应双重杀菌作用又能在较低的温度下杀死细菌，这就提供了一种能够较多保持食品营养成分的加热杀菌方法。

（6）选择性加热。微波对不同性质的物料有不同的作用。在微波辐照下，各种被加热的吸附质的电子损失程度不同，因此能实现对吸附质的选择加热。

1.3 微波再生活性炭的原理和特点

1.3.1 微波再生原理

活性炭是由类似石墨的碳微晶按"螺层行结构"排列，由微晶间的强烈交联形成发达的微孔结构，通过活化反应使微孔扩大形成许多大小不同的孔隙，孔隙表面一部分被烧掉，结构出现不完整，加之灰分和其他杂原子的存在，使活性炭的基本结构产生缺陷和不饱和价，氧和其他杂原子吸着于这些缺陷上，因而使活性炭产生了各种各样的吸附特性[13,14]。

活性炭的各种再生方法可分为两类：一是引入物质或能量使吸附质分子与活性炭之间的作用力减弱或消失使吸附质脱附；二是依靠热分解或氧化还原反应破坏吸附质的结构而达到除去吸附质的目的[15]。

在微波炉中，磁控管辐射出的微波在腔内形成微波能量场，并以极高的速度改变正负极性，使活性炭中吸附的极性分子随正负极性改变而高频改变方向，并在相互碰撞、摩擦中产生高热量，使被吸附在孔道中的水和有机物质受热挥发和炭化，活性炭的孔道重新打开，活性炭本身也要吸收微波而升温，烧失一部分炭，使孔径扩大，从而使活性炭恢复到原来的吸附活性[16]。

1.3.2 微波再生特点

工业上常用的活性炭再生方法有升温再生、变压再生、置换再生、吹扫再生等。微波对被照物有很强的穿透力，对反应物起深层加热作用[17]，效率高、加热快、能耗低。与传统的热再生方法相比，微波再生技术有以下优点[18]：热量的引入通过电磁能的传输直接进入；微波加热温度均匀；解吸速度快；能实现对吸附质的选择加热。

在微波辐照下，各种被蒸发的吸附质的电子损失不同，因此能实现对吸附质的选择加热。微波加热具有选择性这一特点对于载乙醇活性炭微波解吸过程中水和乙醇这类可形成共沸物的组分的分离无疑是有效果的。在载乙醇活性炭的微波解吸过程中，乙醇和水对微波的吸收效率不同，导致解吸速率不同，形成尖锐的出口浓度曲线，据此可以分析解吸过程不同时段的解吸气体的组成差异，分罐收集馏出液得到不同级别的乙醇产品。微波能够对乙醇和水进行有选择地加热，这是其他解吸再生技术不可比拟的。

2

废 水 处 理

2.1 生产废水处理技术

2.1.1 水资源的污染与重复利用

全球水资源总储量大约有 $1.386 \times 10^{18}\,\text{m}^3$[19]，但其中大约有 96.5% 为海水。与海水储量相比，淡水资源的储量仅占全球水总储量的 2.53%，且由于固态水和地下水的存在，实际可供人类生产和生活取用的淡水仅为全球水总储量的 0.014%[20]。水资源污染问题无疑加大了可供利用的淡水资源的负担。由于工农业生产和人类活动中废水的排放，天然水体的水质急剧下降，这不仅限制了水资源的利用，也增加了废水的处理费用，并与水资源短缺构成恶性循环[21]。据统计[22]，在全世界范围内，污水排放量已经达 4000 亿 m^3，且造成了 5.5 万亿 m^3 水体的污染，占到全世界径流总量的 14% 以上。近 30 年来，我国有 243 个面积在 $1\,\text{km}^2$ 以上的湖泊消失，有 85.4% 的湖泊超过富营养化标准，甚至有 40.1% 的湖泊达到了重富营养化标准。高端技术产业和小造纸厂等大量低技术水平产业并存的工业结构类型是污染的主要成因。

与其他国家相比，我国水资源不仅缺乏，而且浪费更为严重。近几年虽然有所好转，但我国不同行业的单位产品取水量与国际上还是有很大的差距，而且，我国城市水资源的重复利用率不及 50%，这与发达国家水资源利用率高达 75% 以上形成了鲜明的对比。在工业生产中[23]，用来冷却某些设备或者带走某些化学反应过程所产生的热量的冷却水占工业总用水量的比例相当大。在石化行业中，有 90% 以上的水是用作冷却水的。在冶金、电力、石化等行业，冷却水的用量高达每小时数千立方米甚至数万立方米。如此巨大的用水量，是不容忽视的。如何节约用水，从而降低生产过程中的用水量是我国工业供水的首要问题。进而，循环重复使用水成为解决问题至关重要的办法。重复使用次数越多，每立方米水的使用率越高，新鲜水的使用量也就越少，从而降低了用水总量。

2.1.2 水中有机污染物

在世界范围内，已知的有机污染物种类有 2000 多万种，有超过 50% 的有机污染物是人工合成物质，且人工合成的有机污染物正以每年 10 万种的速度增加。这些物质通过各种途径在生产使用过程中流失到环境中，造成对水体的污染[24]。主要河流有机污染严重，流经城市河段普遍受到污染，这是我国水资源污染现状[25,26]。在我国规定的 68 种优先控制污染物中，有 59 种是有机污染物[27]。

有机污染物来源十分广泛且种类繁多，形态各异。水体中有机污染物主要来源于印染、制药、杀虫剂、制革、石化等行业和生活污水[28]。按照不同的分类标准，水中有机污染物可分为悬浮态有机物、胶体态有机物和溶解态有机物，可降解有机物和不可降解有机物，有毒有机物和无毒有机物[29]。

近年来，我国对各水域污染状况调查结果说明我国很多水域有机物污染严重。在黄河兰州河段[30]，检测出水体中存在具有"三致效应"和生物蓄积潜在毒性的多环芳烃和酚类；在嘉陵江某市段水源处[31]共检测出 13 种有机污染物，且以多环芳烃、邻苯二甲酸酯类为主，其中有 3 种有机物为我国环境优先控制污染物，分别是邻苯二甲酸二辛酯、邻苯二甲酸二丁酯、荧蒽。随着工农业的发展，在松花江流域[32]也发现 150 多种有机污染物。近年来，太湖地区水体[33]受到工业化、城镇生活污水和农业生产的污染，水质比上世纪降低了 1～2 个类别，且三大污染源中，占绝大多数的是有机物污染。

2.1.3 常见废水处理工艺

2.1.3.1 电解法

利用可溶性阳极在电流作用下溶解生成对应的氢氧化物的凝聚性来凝聚水中的胶体物质，从而达到净化水目的的电化学方法称为电解法[34]。电解法所利用的电流是在外加电场的作用下产生的外加电流。

根据电解法处理废水作用的机理不同，电解法可分为直接电解法和间接电解法[35]。直接电解法是指污染物在阳极表面上发生氧化作用，并转化为毒性较低的物质或易降解的物质，甚至是有机物无机化的反应过程，同时污染物在阴极表面发生还原反应，进而使得污染物最终被去除的方法。闫雷等人[36]对电解法处理化学镀镍废液进行实验研究，采用不溶性的材料作为阳极，使废液中的镍在阴极析出，进而达到废水处理的目的。该实验方法即为直接电解法。而间接电解法是指污染物不在阴阳两极发生氧化还原反应，而是利用电极本身发生氧化还原反应产生的氧化还原物质作为反应剂或者是催化剂，使污染物转化为毒性更小的物质。国外某研究用电解法处理橄榄油废水[37]就是用间接电解法处理有机废水的例子。在实验中，阳极生成的 H_2O_2 对有机物有较强的氧化作用，有机污染物被氧化降解也便达到废水处理的目的。

电解法处理废水通常所采用的阳极材料为 $Ti/SnO_2\text{-}SbO_3/RuO_2/Ce$（DSA 阳极）[38]、$IrO_2\text{-}Ta_2O_2/Ti$ 电极[39]、SnO_2/Ti 电极、PbO_2/Ti 电极、析氯阳极、不锈

钢电极、可溶性的金属 Fe 电极或者 Al 电极等；而阴极常用的材料为废水中待去除金属离子对应的材料、钛基金属平板电极、石墨电极、活性炭纤维电极、不锈钢电极等[40]。

2.1.3.2　Fenton 试剂氧化法

Fenton 试剂氧化法属高级氧化技术，其基本的作用机理是：Fenton 试剂的主要成分 Fe^{2+} 和 H_2O_2，在酸性条件下产生强氧化性的羟基自由基（·OH），羟基自由基发挥作用氧化水中的有机污染物，并可以很好地对燃料废水进行去色处理。

Fenton 试剂氧化法的作用机理[41]可表示如下：

$$Fe^{2+} + H_2O_2 \longrightarrow Fe^{3+} + \cdot OH + OH^-$$

$$Fe^{3+} + H_2O_2 \longrightarrow Fe^{2+} + \cdot HO_2 + H^+$$

$$Fe^{2+} + \cdot OH \longrightarrow Fe^{3+} + OH^-$$

$$Fe^{3+} + \cdot HO_2 \longrightarrow Fe^{2+} + O_2 + H^+$$

$$\cdot OH + H_2O_2 \longrightarrow H_2O + HO_2 \cdot$$

$$HO_2 \cdot \longrightarrow O_2 + H^+$$

$$O_2 \cdot + H_2O_2 \longrightarrow O_2 + 2OH^-$$

Fenton 试剂氧化法最早是单独应用于有机废水的处理，但由于其单独处理废水时需药剂量大，成本较高，所以随着废水处理技术的深入，现在 Fenton 试剂多与某些废水处理药剂或者某些废水处理工艺联合处理废水。现在可见的能与 Fenton 试剂氧化处理结合的试剂或者工艺有[42,43]：$CaCl_2$ 螯合沉淀、锰砂、SBR、UASB-A-O 工艺、水解酸化-接触氧化工艺、TiO_2 光催化技术、超声波、微波等。

2.1.3.3　生物接触氧化法[44~46]

生物接触氧化法（Biological Contact Oxidation，BCO）是好氧生物接触膜法的一种，废水处理过程是在接触氧化池内进行的。在好氧接触氧化池内填有可供生物膜赖以栖息的场所——填料。填料作为生物接触氧化池的关键，既可以作为生物膜的载体，又可以截留悬浮物，常用的有硬聚氯酸乙烯塑料、聚丙烯塑料、环氧玻璃钢等合成树脂类硬性填料。近年来有多种新型填料如软性填料、半软性填料和弹性生物填料等也逐渐应用于生物接触氧化池。在生物接触氧化池内还设有布水布气装置。布气装置的作用主要有三点：

（1）提供生物氧化所需的氧。

（2）通过曝气使得反应器内的水流紊动程度良好，利于污染物、微生物和氧的充分接触，达到良好的传质效果。

（3）防止填料积泥，保证生物活性。

影响生物接触氧化处理效果的因素主要有填料、水温、pH 值、溶解氧、水质、水力停留时间等。

2.1.3.4 膜生物反应器

膜生物反应器（Membrance Bioreactor，MBR），顾名思义是由膜分离技术和生物反应器相结合形成的生物化学反应系统，由膜过滤取代传统生化处理技术中的二次沉淀和砂滤池的水处理技术。利用膜生物反应器处理废水的一般步骤是：进水→曝气池→膜组件→出水。其中曝气池内为活化污泥，对于进水具有生物处理效果，能够降低废水的 COD（化学需氧量）、BOD（生化需氧量）等指标。膜组件具有强大的过滤功能，能够对废水进行进一步的处理。经曝气池和膜组件的双重作用，废水达到排放标准。

膜生物反应器可以应用于城市污水处理及建筑中水回用、粪便污水处理、工业废水处理、微污染饮用水净化等很多领域。

2.2 活性炭水处理

目前，随着现代工业及其他产业的迅猛发展，人们面临越来越严重的污染威胁，特别是水体污染已经引起了当今世界各国的普遍关注。同时，生活水平的不断提高及环保意识的不断增强，人们对水质的要求越来越严格。活性炭作为一种优良的吸附剂，由于具有发达的细孔结构、巨大的比表面积、优良的吸附性能、设备简单、操作方便、可再生等优点而被广泛地应用于水的净化处理。由于活性炭能有效地去除污水中大部分有机物和某些无机物，因此 20 世纪 60 年代初，欧美各国开始大量使用活性炭吸附法处理城市饮用水和工业废水。到目前，活性炭吸附法已成为城市污水和工业废水深度处理和污染水源净化的有效手段之一，并且是最经济和最有效的方法。活性炭在饮用水的深度净化方面的处理效果也是非常显著的，受到了人们的高度重视。

2.2.1 活性炭的选择

一般都按照亚甲蓝吸附值、比表面积、碘值、CCl_4 吸附值等指标来选择水处理活性炭。但是也有实验对此提出质疑：上述指标与活性炭对天然水中有机物的吸附能力之间的相关性不好。实验还指出在选择去除天然水中有机物的活性炭时很难用这些指标来衡量，应采用活性炭对水中四种典型有机物（腐殖酸、富里酸、木质素、丹宁）的吸附容量和吸附速度作为水处理活性炭指标，对此还应作深入的研究。选择水处理活性炭时应保证其在浸水情况下有足够的机械强度，冲洗时应耐磨损，价格要低廉。吸附性能的优劣要根据水质的特点，通过实验对比进行判别，同时应注意活性炭孔径分布及其化学性能等对吸附性能的影响[47~49]。

2.2.2　活性炭水处理的特点

活性炭是极性的多孔吸附剂，它的作用机理是以物理吸附为主，吸附作用主要在极大的内表面上进行。它可以从水中吸附到绝大部分的有机物质，这是其他水处理单元工艺难以比拟的。活性炭用于水处理具有如下特点：

（1）活性炭对水中有机物有良好的吸附性能，其由于发达的细孔结构及巨大的比表面积，能够有效地去除水中的溶解性有机污染物。

（2）活性炭用于水处理时，对水质、水温及水量的变化有较强的适应能力，再生后可重复使用，且具有装置占地面积小、易于控制、操作简便等特点[50]。

2.2.3　活性炭在水处理中的应用

活性炭作为一种具有特殊物理、化学性质的吸附剂，具有发达的孔隙结构和巨大的表面积、性质稳定、不溶于水和有机溶剂、耐酸、耐碱、耐水湿和耐高温高压作用等特点，一直以来被广泛用作吸附剂、催化剂及催化剂载体，在医药、食品加工、冶金、国防等部门发挥着独特的作用。随着水处理和气体污染物治理技术的发展，活性炭在环境保护方面也不断发挥出巨大的作用。

相对于其他处理工艺来说，活性炭应用于水处理领域是短暂的。20 世纪 70 年代中期，水源受工业废水、农业化学农药和城市污水等排放污染，尤其是在自来水中观测到因加氯消毒而与有机物衍生出来的三卤甲烷和一些致癌物，活性炭由此在水处理中扮演重要角色。活性炭在水处理中主要应用于上水处理、工业用水处理、城市居民生活污水的处理及工业废水处理等[51~53]。

（1）上水处理。饮用水和上水水源的水质标准是最严格的。随着科技的进步，饮用水的水质要求越来越严格。城市自来水，不适于人类直接饮用，需经过活性炭处理。活性炭处理自来水可以有效地去除有机杂质，不会造成含氯碳氢化合物的形成，而且还可以保留一定量的钙镁和其他微量元素。活性炭是处理饮用水或自来水上水水源的较经济可行的有效手段。

（2）工业用水处理。工业用水因使用目的不同而有不同标准。电子工业、化学工业及医药工业所用的高纯度水的制备环节中，活性炭处理是不可或缺的。它主要用来除去有机物、胶质、农药残留物、游离氯和少量的二氧化碳及氧等气体。由于工业用水量的增加和水源的污染，活性炭的需求量逐年增长。

（3）城市居民生活污水的处理。随着城市人口的增长及生活水平的提高，城市居民生活污水的排放量不断增加，对水源造成严重污染。污水以有机污染物为主，其中有毒性较大的酚类、苯类、氰化物、农药及石油化工产品等。含有上述物质的生活污水，经过常规的"一级"、"二级"处理后，用活性炭处理可以除去剩余溶解性有机物。活性炭已经被广泛应用于城市居民生活污水处理中。

（4）工业废水处理。工业废水是环保的重大课题之一。工业废水就其对象而言，较为广泛。因为环境条件各异，废水的种类不同，应针对所含污染物的种类进行分别处理。例如石油精制废水、石油化工废水、印染废水、含表面活性剂废水、制药废水等工业废水，其"二级"、"三级"处理一般采用活性炭，处理效果较好。

目前，在水处理方面，活性炭不仅仅局限于单独使用于水处理，而且还可以通过两种甚至是多种材料发挥协同作用。例如，与膜、氧化剂、电化学、TiO_2等材料或技术联合使用，可以大大提高活性炭的效率，并能取得较好的处理效果。显而易见，组合工艺较简单的活性炭吸附技术能更有效地去除有机污染物并且进一步提高了污水的可生化性。但并不是所有的组合工艺都能达到理想的处理效果，多数联合技术还不成熟，存在着成本偏高或操作烦琐等问题，还需要在大量的实验中探索。总之，推广组合工艺是将来的发展趋势。

活性炭吸附法涵盖了水处理的各个领域，但是其处理技术仍不完善。例如，在水的深度处理方面，还不能完全解决水质污染问题，还有待进一步的开发和改进。总的来说，活性炭用于水处理还是非常有效的，如果再结合其他有效的水处理工艺并选择较为合理的再生方法，集环保与经济效益于一体进行综合考虑，将会有更广阔的发展空间。

2.3 制药废水处理

随着工业经济的不断发展，环境污染问题日益严重，许多经济产业如制药、染料、焦化等产生的高浓度有机废水，尤其是制药废水，污染物浓度高，组分复杂，含有多种复杂的生化抑制因素，它们一旦进入水体，就会使江河、湖泊受到不同程度的污染，因此处理制药废水十分重要。

2.3.1 常规处理方法

一般情况下，制药工业废水分为合成药物生产废水、抗生素生产废水、中成药生产废水、各类制剂生产过程的洗涤水和冲洗废水。常用的制药废水的处理方法有物化处理法、生物处理法以及它们的组合工艺。

2.3.1.1 物化处理法

物化处理法是通过物理和化学的综合作用使废水得到净化。它主要有混凝法、吸附法、气浮法、电解法和膜分离法等，见表2-1。

表 2-1　制药废水的物化处理法

方　法	优　点	缺　点	应　用
混凝法	能有效降低污染物的浓度，改善废水的生物降解性能	产生大量污泥、出水的 pH 值较低、含盐量高、氨氮的去除率较低	红霉素、林可霉素、土霉素、麦迪霉素、维生素 B_6、利福平等
气浮法	投资少、能耗低	不能有效地去除可溶性有机物	庆大霉素、土霉素、麦迪霉素等
电解法	高效、易操作，NH_3-N 去除率高，脱色效果好	对高分子有机物和含苯环类物质去除率差，处理成本高	麻黄碱、核黄素、克拉霉素、呋喃唑酮等
吸附法	可降低废水的难降解有机物浓度，改善可生化性及回收有效成分	吸附剂成本高，吸附剂的再生	米菲司酮、双氯芬酸、林可霉素、对乙酰氨基酚、土霉素等
膜分离法	无相变，化学变化、处理效率高，节约能源	膜组件价格高与膜污染等	林可霉素、金霉素、水杨酸等

混凝法是通过投加化学药剂，使其产生吸附、中和微粒间电荷、压缩扩散双电层而产生的凝聚作用，破坏废水中胶体的稳定性，使胶体微粒相互聚合、集结，在重力作用下沉淀并予以分离除去的水处理法。制药废水处理中常用的混凝剂有聚合硫酸铁、聚合氯化铝、聚合氯化硫酸铝铁、聚丙烯酰胺等。由于经过该法处理会产生大量的化学污泥，造成二次污染，出水的 pH 值较低，含盐量高且氨氮的去除率较低，因此常作为制药废水的预处理。

气浮法是利用高度分散的微小气泡作为载体黏附废水中的污染物，黏附有污染物的微小气泡由于密度小于水而上浮到水面，从而实现处理废水的目的。该法具有投资少、能耗低、工艺简单、维修方便等优点，但不能有效地去除可溶性有机物，常用来处理庆大霉素、土霉素、麦迪霉素等悬浮物含量较高的制药废水。

电解法是借助外加电流的作用产生一系列化学反应，使废水中的有害杂质以转化的形式而被去除。它是通过两极产生的新生态的氧和新生态的氢使废水中污染物得到净化。新生态的氧对水中有机化合物和无机化合物进行氧化，新生态的氢将处于氧化态的某些色素还原成无色物质，达到较高的脱色效果。废水电解处理包括电极表面电化学作用、间接氧化、间接还原、电浮选和电絮凝等过程，它们分别以不同的作用去除废水中的污染物。

膜分离法是个物理过程，有过滤和浓缩的作用，能处理高浓度、生化性差或传统方法难以处理的制药废水，且 COD 的高低对处理效果影响不大。膜分离法具有设备简单、操作方便、无相变及化学变化、处理效率高和节约能源等优点，但存在膜组件价格高与膜污染等问题。

物化处理法可以与其他处理方法联用，作为制药废水的预处理方法，通过降低悬浮物和减少生物抑制物质，为废水的后续处理提供有利条件。但是物化处理法有时需要投加大量的化学药剂，处理成本高；有时生成大量副产物，处理不当易造成二次污染，这在一定程度上限制了它的应用。

2.3.1.2 生物处理法

生物处理法是利用微生物的生命活动来代谢废水中的有机物从而达到净化目的。它是目前制药废水广泛使用的处理技术，包括好氧法、厌氧法以及它们的组合。

好氧法就是在有氧条件下，利用好氧微生物（包括兼性微生物）的氧化作用对污染物进行处理的方法。常用的好氧生物处理法有普通活性污泥法、深井曝气法、接触氧化法、序批式间歇活性污泥法（SBR）等。例如，针对吉林市某制药厂水质水量变化剧烈、无排放规律、高 COD 等特点的废水，可以采用 SBR 废水处理工艺，COD 去除率达83%以上，可有效地去除废水中的污染物[54]。已实现好氧生物处理的还有活性污泥法处理小诺米星发酵废水，在进水 COD 浓度低于2000mg/L 时，COD 去除率在85.4%～89.7%之间。但是由于制药废水是高浓度有机废水，好氧工艺进水时需对原废液进行10倍乃至百倍的稀释，清水、动力消耗很大，实际废水处理率较低，另外需要不断补充氧，且产生较多的污泥，处理成本较高，所以单独使用好氧处理的不多，一般需进行预处理。

厌氧法是利用兼性厌氧菌和专性厌氧菌将污水中大分子有机物降解为低分子化合物，进而转化为甲烷、二氧化碳的有机污水处理方法。常用的厌氧生物法包括上流式厌氧污泥床（UASB）、厌氧折流板反应器、厌氧膨胀颗粒污泥床反应器、内循环式反应器等。例如，采用内循环式反应器处理维生素制药废水，在进水 COD 为9000mg/L 时，COD 去除率达95%左右[55]；采用 UASB 反应器处理青霉素发酵废水，在进水 COD 为9500mg/L、产甲烷菌活性及数量达到较高水平时，COD 的去除率会明显提高，达70%以上[56]。虽然经过厌氧处理后出水 COD 降低到了一定程度，但离排放标准还有一段距离，因此尚需进行后续处理。

制药废水生物处理法的种类、优缺点及应用见表2-2。

表2-2 制药废水的生物处理法

方　法	优　点	缺　点	应　用
接触氧化法	对水量、水质的波动有较强的适应能力，耐冲击性好，没有污泥膨胀问题等	滤料间水流缓慢，水力冲刷力小；剩余污泥不易排走；维修困难	土霉素、麦迪霉素、红霉素、林可霉素、四环素等
SBR	可去除一些难以生物降解的有机物质；能有效控制活性污泥膨胀；结构简单、操作灵活、占地少、投资少、运行稳定等	连续进水时，对于单一 SBR 反应器需要较大的调节池，对于多个 SBR 反应器，其进水和排水的阀门自动切换频繁；脱氮除磷效果有限	间歇排放、水量水质波动大的发酵类废水，如青霉素、四环素、庆大霉素等

方　法	优　点	缺　点	应　用
UASB	结构简单、处理负荷高、运行稳定等	废水中 SS 含量不能过高，以保证 COD 较高的去除率	庆大霉素、金霉素、卡那霉素、维生素、谷氨酸等
水解酸化法	可以改善原水的可生化性；污泥生成量少，无须污泥回流，反应迅速，基建投资少	出水 COD 仍较高，需对污水进一步处理	较低浓度制药废水

由于单独的好氧处理和厌氧处理都有一定的弊端，而厌氧-好氧的组合工艺在改善废水的可生化性、耐冲击性，降低投资成本，提高处理效果等方面表现出了明显优于单一处理方法的性能，因而在工程实践中得到了广泛应用。如采用水解酸化-厌氧-好氧-高效纤维过滤-活性炭吸附工艺处理麦白素和香菇多糖的制药废水，COD、BOD 的去除率分别为 99.0%、99.6%，处理后的外排水符合国家一级排放标准[57]；采用水解酸化-接触氧化工艺治理某制药厂的生产废水，COD 去除率达 95% 以上，而且出水稳定达标，产生污泥量少[58]；采用水解酸化-活性污泥-曝气生物滤池组合工艺对原水 COD 为 4700mg/L 的制药废水进行室内模拟生物处理研究，COD、BOD 的去除率均大于 90%，已达到 GB 8978—1996 规定的二级标准[59]；另外近年发展起来的膜生物反应器为膜分离技术与生化处理有机结合的新型废水处理工艺，通过膜分离技术大大强化了生物反应器的功能，具有容积负荷高、抗冲击能力强、剩余污泥量少、出水质量好、占地面积小等优点，是具应用前途的废水处理新技术之一。

从上面实例可以看出，经过组合工艺处理的废水 COD 去除率都达到 90% 以上。几种工艺组合起来，可以使它们各自的优点得到发扬，不足得到弥补，因此组合工艺已经成为了现今处理包括制药废水在内的高浓度有机废水的主流工艺。

2.3.2　新型处理方法

微波水处理技术和超声波水处理技术是近年发展起来的新型水处理技术，它们在一定程度上克服了常规水处理技术的不足，在未来的水处理领域有广阔的应用前景。

2.3.2.1　微波处理法

微波是指波长为 1mm～1m、频率为 300MHz～300GHz 的电磁波。微波水处理技术是把微波场对单相流和多相流物化反应的强烈催化作用、穿透作用、选择性功能及其杀灭微生物的功能用于水处理的一项新型技术。

一般微波技术处理制药废水有两种方法：一种是单独的微波辐射法，另一种是微波-活性炭协同催化氧化法。在没有活性炭形成的催化活性中心的情况下，单纯的微波辐射对水样处理效果并不明显，制药废水经微波处理后对 COD 的去除率仅有 10% ~15%。微波-活性炭协同催化氧化处理对制药废水的 COD 去除效果明显优于单纯微波辐射的处理效果。因为活性炭具有良好的吸附作用，能迅速将废水中的有机物吸附在其表面，同时在微波辐射下，活性炭能有效地吸收微波能量，而且由于活性炭表面的不均匀性，吸收微波后其表面会产生一些所谓的"热点"，这些"热点"的能量要比其他部位高得多，温度可达到 1000℃ 以上，当废水中的有机物被吸附到这些热点附近时就可能被催化氧化而被降解。

例如，采用微波-活性炭协同处理苯酚废水，在粒径为 880 ~1400μm、活性炭用量为 6g、微波辐射功率为 462W、辐射 5min 的工艺条件下，处理苯酚含量为 100mg/L 的 100mL 废水，苯酚去除率达到 94.17%[60]；采用 Fenton 试剂与微波活性炭联用技术处理农药废水，在最佳工艺条件下，COD 的去除率可达 92.18%[61]。

微波废水处理技术可使废水处理工程小型化、分散化，省掉现行废水处理工程长距离的排污管网；废水经微波处理后可回收，实现水的可持续利用；吸附过的活性炭可以经过微波辐射得到再生，从而重复利用。

2.3.2.2 超声波处理法

频率在 20kHz 以上的超声波辐射溶液会引起许多化学变化，这种现象称为超声空化效应。当足够强度的超声波辐射溶液时，在声波负压相内，空化泡形成长大，而在随后的声波正压相中，气泡被压缩，空化泡在经历一次或数次循环后达到一不平衡状态，受压迅速崩溃，产生瞬时高温和高压，并伴有强大的冲击波和微射流。空化泡中的水蒸气在这种极端环境中发生分裂及链式反应，产生氧化活性相当强的氢氧自由基和过氧化氢，与空化泡界面或主体溶液中的有机物发生氧化反应；空化泡界面还产生了超临界水，为有机物降解提供了有利条件；同时空化泡崩溃使传声媒质的质点产生剧烈振荡，能使大分子碳链发生断裂。因此超声波降解水体中的有机污染物就是通过·OH 自由基氧化、气泡内燃烧分解、超临界水氧化三种途径进行的。超声波水处理技术不仅可单独用于水体中有机污染物的降解，也可与其他水处理技术联用从而提高处理效率。

赵朝成等人[62]研究了超声/臭氧氧化联用技术处理硝基苯废水，实验结果表明，随着超声功率的增大，臭氧氧化反应的能力增强；随着臭氧量的加大和反应时间的延长，硝基苯的去除率也得以提高。Mizera 等人[63]在电解氧化处理含酚废水时发现，无超声存在时，只有 50% 的分解率，若使用 25kHz、104W/m² 的超声波处理时，酚的分解率会提高到 80%。

目前超声波对制药废水处理的研究还仅停留在实验室研究阶段，大都集中在对单一组分、小水量的研究，且多为间歇运行，因此多组分连续运行工艺将是今后研究的重点。

2.4 酒精废水处理

2.4.1 酒精生产废水的主要来源

随着社会的发展，酒精不再仅仅用于造酒，其用途越来越广，在食品、化工、能源、医疗等许多领域都得到了广泛的应用。然而随着酒精生产和应用的增多，酒精废水成为继造纸废水之后的第二大有机污染源[64]。酒精废水成分复杂，由于在生产过程中原料中只有淀粉或糖分得到了利用，其他成分并没有被破坏，在发酵过程中还会产生氨基酸和蛋白质，因此酒精废水是一种高浓度、难降解的有机废水[65]。其特点如下：COD 浓度高，达到了 10000 ~ 40000mg/L；含有大量的有机碳，高达 10000 ~ 14000mg/L；悬浮物含量高，平均含量达到了 40000mg/L；SS 为 13000 ~ 40000mg/L；溶液呈酸性，pH 值为 3.5 ~ 4.5[66~68]；温度高[69]，处理难度较大。

2.4.2 酒精生产废水的处理技术

近年来，酒精废水的处理备受科研工作者的关注，各类处理办法层出不穷，但对于各类酒精废水处理办法的综述报道还很少。本节针对一系列酒精废水处理办法进行分类，从生物处理法、膜技术法和其他方法三个方面进行综述，旨在为酒精废水处理的研究提供一定的参考和帮助。

2.4.2.1 生物处理法

（1）好氧生物处理法。好氧生物处理法是在有氧情况下，利用好氧微生物对废水中的有机物进行分解。此法一般对中、低浓度的有机废水有着较好的处理效果。目前，酒精废水的好氧处理方式主要是氧化塘法。国外有报道称利用氧化塘法处理酒精废水，其 COD 和 BOD 去除率分别可达到90%、97%[70,71]。在国内，广西也有 50 家糖厂利用氧化塘法处理酒精废水。该法简单、方便易行，处理成本较低，但随着废渣和废液的增加，氧化塘氧化能力会逐渐降低，处理后的废水 COD、BOD 达不到排放标准。

（2）厌氧生物处理法。厌氧生物处理法容积负荷高、处理效果稳定、投资和能耗较小，而且产生的能量能够回收，具有一定的经济效益。此法主要用于对高浓度有机废水的处理。酒精废水有机物含量高，适宜先用厌氧生物法进行处理。目前常用于处理酒精废水的厌氧技术主要有上流式厌氧污泥床（UASB）、膨胀颗粒污泥床（EGSB）、厌氧滤池（AF）、厌氧升流式工艺（UFB）、内循环厌氧反应器（IC）和厌氧序批式反应器（ASBR）等。Li Jianguang 等人[72]利用升流式固体厌氧反应器（USR）对酒精废水进行处理，在温度为55℃、COD为4kg/(m^3·d)、流出液碱度为3000mg/L、VFA低于500mg/L、pH值为6.7~7.6的条件下，沼气产量达到了1.8m^3/m^3，COD去除率高达99%，既有较高的经济效益，出水水质又能够达到排放标准。陈涛等人[73]采用内循环UASB对酒精废水进行厌氧处理，对连续进水和脉冲进水两种进水方式处理效果进行了对比，结果表明，连续进水冬季处理效果较差，脉冲进水COD、TP、SS的平均去除率分别达到了81%、24.02%、51.24%，但由于反应器内的氨化反应，导致NH_3-N增加，仍需进一步好氧处理。Intanoo P等人[74]利用厌氧序批式反应器（ASBR）处理酒精废水来制得氢气，在温度为55℃、pH值恒定在5.5时，氢气产量达到最高，既净化了废水，又产生了较大的经济效益。陈金荣等人[75]利用高温CSTR-中温UASB两级厌氧处理木薯酒精废水，控制高温CSTR进水COD负荷为14kg/(m^3·d)，中温UASB COD负荷为3kg/(m^3·d)时，对COD、SS总去除效率分别达到了94%和96%，而产生的沼气也带来了一定的经济效益，但出水中含有大量N、P，仍需结合好氧工艺后续处理。

（3）厌氧-好氧组合工艺。目前，厌氧-好氧组合工艺是我国处理酒精废水最为常用的方法[76]。一方面，厌氧处理过程运行成本较低，产泥量少，产生的沼气具有较好的经济效益；另一方面，高浓度酒精废水经厌氧处理达不到排放标准，需要好氧法进行后续处理。国内外许多科研工作者对好氧–厌氧法的优化进行了大量的研究。

在我国传统处理酒精废水的好氧–厌氧组合工艺中，厌氧阶段多采用上流式厌氧污泥床（UASB）工艺，好氧阶段多采用循环活性污泥系统（CASS）工艺。然而经厌氧处理后的酒精废水可生化性较差，进一步好氧处理难度较大，随着排放废水标准日益严格，传统CASS工艺很难达到标准。孙俊伟等人[77]通过向CASS中加入聚丙烯多面空心球填料组成填料-CASS，探讨了玉米酒精废水中COD去除率主要影响因素顺序为：DO的质量浓度 > 填料投加率 > MLSS的质量浓度 > 曝气时间，在最优条件下，COD去除率为89.21%，总氮量去除率为96.22%。李济源等人[78]通过添加填料对传统的循环活性污泥系统（CASS）进行了改进，组建复合型CASS反应器，使反应器中的生态系统更加复杂、稳定和多样化，增强了对COD、TP、TN的去除效率。何争光等人[79]也通过不同进水方式对填料-CASS进行了研究。严凯等人[80]利用UASB-SBR组合工艺处理小麦酒精废水，在中温(37±2)℃条件下，利用3L的UASB反应器处理小麦酒精废水，容积负荷可达13kg/(m^3·d)，COD去除率达85%以上，厌氧出水COD保持在1650mg/L以下，好氧处理阶段，SBR反应器最高负荷为1.6kg/(m^3·d)，即最大进水COD为1600mg/L，去除率可达80%以上，小麦酒精废水经UASB-SBR组合工艺处理后出水COD在300mg/L以下，达到了接入市政污水管网的标准。蓝炳杰[81]利用厌氧(UASB) + 好氧（接触氧化）工艺处理某酒厂高浓度的酒精废水，COD 去除率达到了 99% 以上，能耗低、运行稳定、处理效率高，废水中产生的沼气还能够回收，有着较好的经济效益。

2.4.2.2 膜技术法

随着低成本和绿色环保型循环经济的提倡，如何实现资源的循环利用，变废为宝，成为了研究的热点。在这种大环境下，膜分离技术以其分离、浓缩、纯化等功能，高效、环保、节能、分子级过滤及过程简单、易于操作等特征应运而生，并在食品、水处理、化工等行业得到了广泛的应用，在酒精废水处理方面也有着很多的应用。于鲁冀等人[82]利用超滤-反渗透集成膜技术深度处理酒精废水，产水浊度、硬度、总铁均小于 0.1NTU、0.03mmol/L 和 0.03mg/L，电导率处于 60 ~ 120μS/cm 之间，可回用作锅炉补充水。孟昭等人[65]采用新型生物膜反应器处理糖蜜酒精废水，在 25℃温度下，4 天内就能够培养出一定厚度的驯化微生物膜并开始稳定降解污水，5 天后主要污染物的降解率都可达 99.6% 以上；该系统简单易行、运行成本低，是一种极具发展潜力的处理高浓度、难降解有机物污水新工艺。唐敏等人[83]对混凝过滤-超滤-膜系统深度处理酒精废水进行了研究，混凝过滤-超滤对废水进行预处理，COD、浊度去除率分别达到了 40% 和 99% 以上，膜系统处理后出水浊度、总铁质量浓度、硬度分别小于 0.1NTU、0.3mg/L 和 0.03 mmol/L，能够满足锅炉用水和冷却循环用水要求，且总成本仅为 2.94 元/m³，具有较好的应用前景。

2.4.2.3 其他方法

除去传统的生物处理法和膜技术法外，还有很多新型的处理酒精废水方法也得到了研究和应用。张志柏等人[84]利用蔗渣活性炭去除糖蜜酒精废水 COD 的方法取得了较好的效果，在吸附时间 120min、蔗渣活性炭投加质量 0.30g、温度为 30℃（常温）、溶液 pH 值为 7.3（中性）的工艺条件下，COD 去除率达到了 74.3%。游少鸿等人[85]利用竹炭吸附-微波辐射法去除糖蜜酒精废水中的 COD，探究了竹炭类型、投加量、粒径、微波辐射时间和功率对 COD 去除率的影响，研究表明利用小粒径高温竹炭在辐射时间为 4min 、竹炭投加量 0.5g、微波功率 600W 条件下处理效果最好，COD 去除率可达 84.98%。You Song 等人[86]利用类 Fenton 试剂深度处理糖蜜酒精废水，也取得了较好的效果，在初始 pH 值为 6.0、FeCl₃ · 6H₂O 投加量为 1000g/m³，3% 的 H₂O₂ 投加量为 6.7L/m³，慢速搅拌 5min 条件下，COD 和色度的去除率分别达到了 75.53% 和 92.76%。石飞虹等人[87]利用生物絮凝剂来处理酒精废水，探究了生物絮凝剂与聚合硫酸铁复配对酒精废水 SS、COD 的去除效果，研究表明，在 pH 值为 9.0、Ca^{2+} 添加量为 15%、搅拌时间为6min、复合生物絮凝剂投加量为 3×10^{-6} 时，SS、COD 去除率分别达到了 92.6% 和 65.7% 。宋宏杰等人[88]对混凝沉淀法处理酒精废水进行了研究，将聚合硫酸铝作为混凝剂，在投加量为60mg/L、pH 值为 8.0、沉降时间为 90min 条件下，废水 COD、浊度、NH_3-N 去除率分别达到了 41.91%、46.15% 和 49.61%，可有效减轻后续处理的工艺负荷。Shen Peng 等[89]利用猪粪与糖蜜酒精废水进行混合来处理酒精废水并制得沼气，从沼气产量、COD 去除率、微生物结构三个方面进行了检测，研究表明在猪粪∶糖蜜酒精废水 = 1.0∶1.5 时，沼气产量和 COD 去除率都达到了最高，随着猪粪与废水比率的改变，微生物成分不变，只是比率发生了变化。陈渊等人[90]研究了 $BiVO_4$ 晶体的可见光对糖蜜酒精废水的催化降解，在 $BiVO_4$ 添加量为 3.0g/L、助氧化剂 H_2O_2 添加量为 9%、通氧量为120L/h、400W 镝灯距液面11cm 照射 180min 条件下，废水脱色率达到了 88.60%，COD 去除率为 25.84%，在添加5g/L 的 $FeSO_4 \cdot 47H_2O$ 后，脱色率和 COD 去除率分别提高到了 90.90% 和 91.26%。Quan Xi 等人[91]利用微生物燃料电池来处理木薯酒精废水，通过发酵进行预处理后，在输入最大功率密度为 $(437.13 \pm 15.6) mW/m^2$ 时，COD 去除率为 $(62.5 \pm 3.5)%$，进行阳极曝气也能够进一步提高 COD 去除率。

　　综上所述，目前，厌氧-好氧组合工艺还是酒精废水处理的主流方法，在这方面的技术也相对成熟，但随着污水排放标准的提高，好氧-厌氧组合工艺也需要进一步改善。改变反应器类型、在反应器中加入不同填料、与其他工艺进行进一步组合或许会成为厌氧-好氧技术进一步发展的有效途径。为了实现绿色化工、资源循环利用等多种社会需求，各种其他的新型处理方法也逐渐在被研究和应用。但这些新型方法仍存在一些问题，如出水 COD 偏高、造价高等，如何进一步解决这些问题是这些新型方法推广的关键。

3

活性炭-微波处理阿莫西林废水和酒精废水实验准备

3.1 实验仪器与药品

3.1.1 实验仪器

实验所用仪器见表 3-1。

表 3-1 实验仪器

仪器名称	型号或类型	生产厂家
家用微波炉	EP800TL23-K3	格兰仕微波炉电器有限公司
铠装热电偶①	WRNK-101	上海仪川仪表厂
数显温度指示仪①	101XMZ	上海仪川仪表厂
磁力加热搅拌器②	78-1	国华电器有限公司
气相色谱仪①	GC-15A	青岛仪表厂
电热恒温干燥箱②	DG-2500	成都红星电烘箱厂
转子流量计①	LZB-4	上海兴华仪表厂
医用真空表①	−0.1MPa	常熟市中盛医用仪表有限公司
电子天平②	TB-214	美国 DENVER 公司
紫外-可见分光光度①	721B	上海第三分析仪器厂
电热恒温水浴锅②	HH·S214	江苏省医疗器械厂
恒温油浴锅①	W50ICS	上海申生科技有限公司
家用微波炉①	WP800	格兰仕微波炉电器有限公司
石英玻璃管①	$\phi 30mm \times 200mm$	沈阳腾飞石英玻璃仪器厂
循环水式真空泵②	SHZ-D(Ⅲ)	巩义市英峪予华仪器厂
控温电热套	KM-1000	盐城市华康科学仪器厂
标准筛	$250\mu m$、$420\mu m$、$840\mu m$	上虞市华丰五金设备有限公司
精密试纸、广泛试纸		上海三爱思有限公司

注：带①的用于乙醇物系的实验，带②的乙醇物系和阿莫西林物系的实验均用，不带①的用于阿莫西林物系的实验。

除表 3-1 所列仪器外，还有移液管、冷凝管、试剂瓶、烧杯、量筒、容量瓶、带铁夹的铁架台、移液管架、漏斗、玻璃棒、锥形瓶、洗耳球等各若干。

3.1.2 实验药品

实验所用药品见表3-2。

表3-2 实验药品

药品名称	纯度	生产厂家
颗粒活性炭（GAC）	A·R	天津市凤船化学试剂科技有限公司
颗粒活性炭（GAC）①	C·P	国药集团化学试剂有限公司
颗粒活性炭（GAC）①	A·R	重庆川江化学试剂厂
无水乙醇①	A·R	天津市致远化学试剂有限公司
亚甲基蓝①	A·R	湖南省南化学品有限公司
五水硫酸铜①	A·R	洛阳市化学试剂厂
磷酸二氢钾①	A·R	天津市化学试剂六厂三分厂
磷酸氢二钠①	A·R	天津市致远化学试剂有限公司
硫代硫酸钠①	A·R	北京市红星化工厂
可溶性淀粉①	A·R	广州医药站化学试剂分公司
碘化钾①	A·R	天津市致远化学试剂有限公司
盐酸①	A·R	汕头市西陇化工厂
硫酸①	A·R	汕头市西陇化工厂
重铬酸钾①	A·R	天津市化学试剂六厂三分厂
六水合硫酸亚铁铵①	A·R	天津市化学试剂六厂三分厂
一水合邻二氮菲①	A·R	天津市致远化学试剂有限公司
七水合硫酸亚铁①	A·R	天津市化学试剂六厂三分厂
正丙醇①	A·R	天津市化学试剂三厂
氮气①	工业级	昆明梅塞尔气体产品有限公司
真空脂①	1号	上海玻璃厂
邻苯二甲酸氢钾	A·R	天津市化学试剂六厂三分厂
硫　酸	A·R	成都市科龙化工试剂厂
盐　酸	A·R	成都市科龙化工试剂厂
无水乙醇	A·R	成都市联合化工试剂研究所
氢氧化钠	A·R	成都市科龙化工试剂厂

注：带①的用于乙醇物系的实验，不带①的用于阿莫西林物系的实验。

3.2　实验方法

　　阿莫西林生产废水进行处理实验主要采用活性炭单独吸附法、微波单独辐照法和活性炭-微波联用法三种处理方法，通过测定处理前后废水的 COD 值，计算COD 去除率，从而确定实验反应条件。另外实验还对吸附饱和的活性炭进行微波辅助溶剂法再生，通过测量新活性炭和再生活性炭的吸附容量，计算再生率。

　　（1）活性炭单独吸附法。

　　1）将活性炭浸没于质量浓度为 5% 的盐酸中，然后在沸水中煮 30min，用蒸馏水反复漂洗以除去大颗粒和杂质，漂洗至洗涤水 pH 值为 5 后于 105℃ 下烘干至恒重，用 178μm 筛滤去小颗粒及粉末，储存于干燥器中，作为预处理的颗粒活性炭吸附剂备用。

　　2）称取 5g 经过上述方法活化处理后的活性炭于 250mL 的锥形瓶中，加入50mL 一定稀释倍数的阿莫西林生产废水，在磁力搅拌器作用下吸附接触 20min后，用真空泵进行抽滤，测滤出液的 COD 值，并计算 COD 去除率。

　　（2）微波单独辐照法。称取 5g 活性炭于 250mL 的锥形瓶中，加入稀释 10倍的阿莫西林生产废水，然后在功率为 480W 的微波炉中辐射处理 5min，真空抽滤，测滤出液的 COD 值，并计算 COD 去除率。

　　（3）微波-活性炭联用法。

　　1）将活性炭浸没于质量浓度 5% 的盐酸中，然后在沸水中煮 30min，用蒸馏水反复漂洗以除去大颗粒和杂质，漂洗至洗涤水 pH 值为 5 后于 105℃ 下烘干至恒重，用 178μm 筛滤去小颗粒及粉末，储存于干燥器中，作为预处理的颗粒活性炭吸附剂备用。

　　2）称取一定量的活性炭于反应瓶中，加入 50mL 一定浓度的阿莫西林生产废水，然后在一定功率下于微波炉中辐射一定时间，取出反应器冷却至室温后，真空泵抽滤，测滤出液的 COD 值，计算 COD 去除率。

　　活性炭再生的操作如下：

　　（1）将吸附饱和的活性炭调节 pH 值至 7，在 105℃ 下烘干 2h，待其冷却后放入干燥器中，作为活性炭再生备用。

　　（2）经上述方法得到的活性炭和一定量的辅助溶剂放入锥形瓶并用磁力搅拌后放入微波装置，在不同条件下辐照活性炭。通过测定新活性炭和再生活性炭对阿莫西林生产废水 COD 的吸附容量 q_0、q，从而计算再生率。

　　酒精生产废水处理实验方法如下：

　　（1）制备饱和载乙醇活性炭。采用间歇动力学装置，吸附温度为常温，将10.000g 经预处理的颗粒活性炭放在 300mL 质量浓度为 4.0% 的乙醇水溶液中混合吸附，并以磁力搅拌 2h，用真空泵抽滤 5min，滤出的饱和载乙醇活性炭留待解吸。

（2）将以上饱和载乙醇活性炭分别置于氮气、真空微波解吸装置中解吸，系统真空控制为绝对压强在 21.8~22.2kPa，当微波工作频率为 2450MHz、微波功率为 136W、辐照时间为 145s 时，计算解吸率，求解再生炭质量损耗率，分罐收集的馏出液求取乙醇浓度。

（3）将较低浓度的馏出液重新经活性炭吸附-真空微波解吸以进一步提纯乙醇。

3.3 实验装置与流程

微波及测温部分装置如图 3-1 所示。

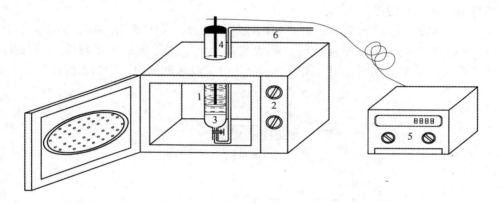

图 3-1　微波共沸精馏解吸及测温系统装置

1—石英玻璃再生器；2—微波炉；3—打孔石英玻璃筛板；4—铠装热电偶；

5—数显温度指示仪；6—氮气支管

在实验中，反应器的选择是一个比较重要的问题。首先要求反应器能被微波穿透，不对微波的传播产生阻碍作用，使微波能直接作用于反应器内的物料。其次要求反应器的材料能耐高温，因为载乙醇活性炭在微波场中升温很快，在较高微波功率下活性炭床层能在短短 2~3min 内升至 1000℃以上。其他方面的要求还有机械强度高、易于加工、价格低廉等。综合以上要求考虑，本实验选用石英玻璃材料制作反应器，采用 $\phi 30mm \times 200mm$ 石英玻璃管作为再生反应器。在微波解吸装置 2 顶部中央部位开一个与石英玻璃再生器 1 直径大小相匹配的圆孔，石英玻璃再生器 1 通过圆孔插入微波炉腔内并固定，测量温度的铠装热电偶 4 的探头插入到载乙醇活性炭床层接近中心的位置，数显温度指示仪 5 与铠装热电偶 4 连接，石英玻璃再生器 1 顶部支管与水冷器 E01 连接（见图 3-2），微波功率旋钮各挡位对应的功率水平分别为：低火 136W、中低火 320W、中火 528W、中高火 680W、高火 800W。

3.3.1 载乙醇活性炭真空和氮气氛围微波解吸装置与流程

载乙醇活性炭真空和氮气氛围微波解吸装置与流程如图 3-2 所示。氮气氛围中用微波辐照解吸乙醇的流程由氮气钢瓶 V01、转子流量计 W01、石英玻璃再生器 V02、微波炉 X01、水冷器 E01、乙醇接收器 V03、铠装热电偶（见图 3-1）、打孔石英玻璃筛板、数显温度指示仪（见图 3-1）、氮气支管（见图 3-1）等组成。操作工艺过程为：

(1) 为串联的水冷式蛇管冷却器通冷凝水，将蛇管部分浸没在冷却水槽内。

(2) 打开氮气钢瓶的总阀与减压阀，通过转子流量计控制氮气流量。待流量稳定后，调节微波功率，接通微波炉电源并开始计时，热电偶测温系统记录载乙醇活性炭床层温度。

(3) 微波辐照至设定时间时，切断微波炉电源，关闭氮气，关闭冷凝水。

(4) 根据乙醇出口浓度曲线分罐收集馏出液。用重量法测定解吸率及再生后活性炭的质量损耗率，用气相色谱法测定分罐收集的馏出液中的乙醇浓度。

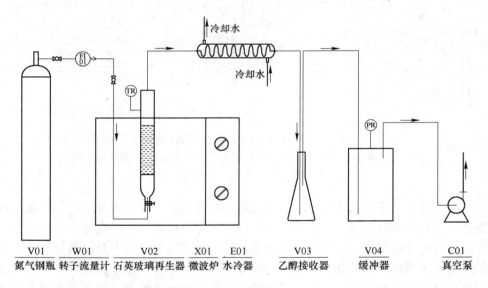

V01	W01	V02	X01	E01	V03	V04	C01
氮气钢瓶	转子流量计	石英玻璃再生器	微波炉	水冷器	乙醇接收器	缓冲器	真空泵

图 3-2　载乙醇活性炭真空和氮气氛围微波解吸装置与流程

真空条件下用微波辐照解吸乙醇的流程由石英玻璃再生器 V02、微波炉 X01、水冷器 E01、乙醇接收器 V03、缓冲器 V04、真空泵 C01、铠装热电偶（见图 3-1）、数显温度指示仪（见图 3-1）、氮气支管（见图 3-1）等组成。解吸时，把饱和活性炭置于石英玻璃反应器内，在真空微波解吸装置中解吸，系统真空控制为绝对压强 21.8 ~ 22.2kPa。当微波工作频率为 2450MHz，在一定微波功率、辐照一定时间条件下，记录并计算解吸率和再生炭质量损耗率。

解吸气体冷凝回收时，从再生器 V02 顶部管道出来的乙醇和水的混合解吸气经水冷器 E01 冷凝，馏出液根据乙醇出口浓度曲线分罐收集到乙醇接收器 V03。测定乙醇接收器 V03 馏出液的乙醇浓度，将较低浓度的馏出液重新经活性炭吸附-真空微波解吸以进一步提纯乙醇。

3.3.2　活性炭吸附-微波解吸载 COD 活性炭实验装置与流程

活性炭吸附-微波解吸载 COD 活性炭实验装置与流程如图 3-3 所示。图的右半部分是吸附过程，左半部分是解吸过程。阿莫西林新鲜废水经过泵 1 打入流量计 2 控制废水流量，打开吸附阀门 A 废水进入反应器，采用吸附剂填料 4 对其进行吸附，待吸附完成后，达标废水经吸附阀门 B 直接排放，未达标废水即循环废水进行重复吸附。对于反应器中的饱和吸附剂，首先将再生溶剂送入反应器与之混合，接通微波电源，对饱和活性炭进行解吸再生，解吸过程中有再生溶液气体从反应器 3 的上方挥发，通过冷凝器 5 对其冷凝并收集到回收液，反应后的再生溶液经解吸阀门 B 也收集到回收液中，最后对回收液进行回收利用。

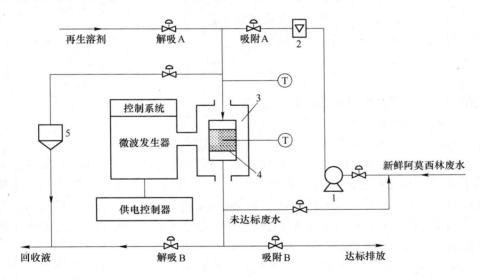

图 3-3　活性炭吸附-微波解吸载 COD 活性炭实验装置与流程
1—泵；2—流量计；3—微波能应用器；4—吸附剂填料；5—冷凝器

3.4　主要分析测定方法

（1）COD 测定。通过调查我国部分化学合成类制药厂废水控制指标项目，得出 COD 是大部分制药厂废水主要的控制项目，因此本实验中主要测试的指标为 COD。COD 即化学需氧量，它表示在强酸性条件下，高锰酸钾、重铬酸钾等强氧化剂氧化 1L 污水中的还原性物质所消耗的氧的毫克数。其中水中还原性物质包括各种有机物、硫化物、亚铁盐、亚硝酸盐等，但绝大部分是有机物，因此 COD 可大致表示污水中的有机物含量。COD 值是水体有机污染的一项重要指标，该值越大，说明水体受到有机物污染越严重。

COD 采用 HH-6 型化学好氧量测定仪测定。

（2）乙醇解吸率及再生炭质量损耗率的测定方法。本实验载乙醇活性炭的解吸率及再生炭的质量损耗率用重量法鉴定，颗粒活性炭、再生炭、饱和载乙醇活性炭及解吸后活性炭的称重均使用精度为 0.0001g 的电子天平，精确至 0.001g。

1）解吸率（脱附率）的计算公式为：

$$q = \frac{m_0 - m_1}{m_0} \tag{3-1}$$

式中　q——载乙醇活性炭的解吸率；

　　　m_0——饱和活性炭上吸附质的总质量；

　　　m_1——解吸后活性炭上吸附质的总质量。

2）再生炭质量损耗率的计算公式为：

$$g = \frac{m - m'}{m} \tag{3-2}$$

式中　g——再生炭质量损耗率；

　　　m——新炭用量；

　　　m'——再生炭质量。

（3）乙醇浓度的测定方法。本实验中，低浓度乙醇水溶液（乙醇质量分数低于 10%）中乙醇含量的测定采用滴定法。其原理是，在硫酸介质中，用重铬酸钾氧化乙醇，然后在指示剂——菲绕啉亚铁盐的存在下，用硫酸亚铁铵滴定过量的重铬酸钾。实验室所配低浓度乙醇水溶液浓度及活性炭吸附后乙醇水溶液的平衡浓度的测定均采用滴定法。

微波解吸过程中的乙醇出口浓度较高，冷凝下来的馏出液的乙醇浓度采用气相色谱法测定[92,93]。

实验中使用四川仪表九厂 SC-200-05 型气相色谱仪、10μL 微量注射器、TCD 检测器、3.5mm×0.5mm×2.0mm 不锈钢柱，固定相为 GDX-104，流动相为 H_2，载气流量为 20mL/min，柱温 110℃，汽化温 150℃，桥流 I 为 80mA。

采用校正归一法测馏出液中乙醇的质量分数。以正丙醇为基准物，测得质量校正因子 $f_{水:正丙醇} = 0.6924$，$f_{乙醇:正丙醇} = 0.9097$。

对于新制的色谱柱，在分析前须对色谱柱老化一定的时间。每个样品至少分析三次，取其浓度平均值。最后冲洗色谱柱一段时间并关闭所有仪器。

3.5 活性炭活化

实验中所用的活性炭根据材质不同分为椰壳和煤质两种，并且根据粒度的不同，又分为 840μm、420μm、250μm 和粉末活性炭。具体的预处理步骤为：将不同类型的活性炭分别在体积分数为 8% ~ 10% 的盐酸溶液中浸泡 24h，然后在去离子水中煮沸，在煮的过程中为防止爆沸，需要用搅拌器不断搅拌，1h 后用去离子水反复冲洗，直到 pH 值为 5 ~ 6，然后在 105℃ 下干燥箱内干燥 24h，冷却后储存于干燥器中备用。

3.6 微波泄漏的防护方法

人体与工作的微波炉距离很近时，有可能因为受到过量的辐射而出现头昏、记忆力减退、睡眠障碍、心动过缓、血压下降等现象。因此防止微波泄漏的措施是否恰当至关重要。

3.6.1 常用的微波防护方法

微波对人体的伤害是通过热效应和非热效应引起的，其中热效应是由强微波辐射引起的，非热效应是由较弱微波辐射引起的。目前对微波辐射的防护措施大概可以分为以下几种[94]：

（1）合理设计与使用微波设备；

（2）辐射源的遥控和屏蔽措施；

（3）使用微波防护面具；

（4）医学预防和治疗。

3.6.2 本实验采取的微波防护措施

本实验所用为自行改装的顶部中央开孔的 WP800 型格兰仕家用微波炉，微波频率为 2450MHz，波长为 12.24cm。参考 3.6.1 节所述防护方法，本实验采取以下三项措施以最大限度减少微波泄漏：

（1）根据短路传输线上短路处的电流最大，而离短路点 $\lambda/4$（λ 为波长）处的电流最小的规律，将放置回流冷凝管反应器的孔径严格限制为 3.06cm（即 $\lambda/4$）。

（2）为了防止微波泄漏，开口孔径严格限制在刚好可以放进冷凝管，并用锡纸包住微波炉和冷凝管的接口处。

（3）据测定，微波炉在工作时产生的磁场强度为 540mG，若距离 10cm，磁场强度立即降为 43mG，若距离再远 50cm，则再行降低，降到 1mG 以下时，微波对人体就无危害了。因此本实验将微波炉单独置于一间实验室中，并将电源开关接到离微波炉 1m 左右的位置。

3.7　活性炭床层在微波场中的升温行为

　　乙醇和水都是极性分子，都能吸收微波能，而颗粒活性炭（GAC）也能吸收微波能。实验表明，GAC 及载乙醇 GAC 在微波场中都能迅速升温，可以被加热到很高的温度。GAC 的升温过程对解吸再生过程及其机理有决定性作用，因此考查 GAC 床层在微波场中的升温过程及探讨其影响因素具有重要意义。

　　Zlotorzynski[6] 详细阐述了炭材料吸收微波能的原因。微波源启动后，微波直接提供能量给炭颗粒。一些炭颗粒上有自由电子，其迁移受到颗粒边界的限制。当这些炭被微波辐照时，会发生空间电荷极化，材料的整个宏观区将随着电磁场方向的改变而调整其方向，或同向或反向，这种机制被称为 Maxwell-Wagner 效应。在微波频率较低时，空间电荷极化与电场同步。随着微波频率的提高，极化会滞后于电场，导致炭颗粒吸收微波能量，温度升高。

3.7.1　本实验采用的微波场测温方法

　　微波场中温度的测量是很重要的。很多学者认为传统的热电偶测温技术不能应用于微波场，因为电磁场和金属探头之间会发生相互作用[95]。在强电磁场下，金属材料制作的测温探头及导线会产生感应电流，由于集肤效应和涡流效应，其自身温度升高，对温度测量造成严重干扰，使温度示值产生很大误差或者无法进行稳定的温度测量。而有报道称，当热电偶探头与电磁场的方向垂直时不会影响电磁场的分布[96,97]。崔凤英[98] 等人建议可采取如下措施减少或消除干扰：

　　（1）减小金属元件的厚度和传输线的直径，如采用极细的材料作热电偶，并选用电导率低、磁导率低的材料作传输线和元件，以减小涡流效应、集肤效应和欧姆效应的影响；

　　（2）尽可能减小处于电磁场中闭合回路的环包面积，以减小感应电流；

　　（3）在仪表输入端增设滤波电容；

　　（4）调整元件和传输线的走向，使其尽可能与电场方向垂直，以减弱电磁耦合；

　　（5）必要时采取停机测温方法，即关掉电器设备，在没有电磁场的条件下测温，待温度测量完毕后再开机工作。

　　另外由于金属材料对微波辐射具有较强的反射作用，常被用作微波屏蔽材料，可以把这些材料做成屏蔽保护套，加在热电偶或热电阻及导线外部，以屏蔽微波辐射的干扰。Menendez[99] 等人采用铠装 K 型热电偶和红外高温计对微波场中活性炭床层温度进行测定，发现两种方法得到的结果是可比的。

　　可用于微波场温度测量的技术还有光纤温度传感器、红外测温仪和超声测温仪等[100]。

光纤测温是 20 世纪 70 年代发展起来的一门新兴测温技术，与传统温度传感器相比，光纤温度传感器有一些独特的优点，如抗电磁干扰、耐高压、耐腐蚀、防爆防燃、体积小、质量轻等，为解决微波场的测温问题提供了一条有效途径[101]。光纤温度传感器目前仍处在研究发展阶段，在许多方面优于热电偶等常规测温传感器，但由于产品稳定性较差，造价高，因而限制了它在微波场测温中的推广应用[102]。

红外测温仪根据被测物的红外辐射强度确定其温度，是一种非接触测量仪表，用于对物体的表面温度测量[103]。其优点是可以远距离测量目标，特别适合于测温目标无法接近或目标物自身温度很高以及目标物移动等场合的测温，响应时间短、使用寿命长。由于其非接触性，测量时不破坏被测物的温度，所以也可用于微波场温度测量。但红外测温仪测温时要受物体发射率、气雾的影响，所以应用范围受到了限制。另外红外测温仪直接用于微波反应器测温受到视场小的局限，使用起来也不太便捷。

其他用于微波场测温的方法还有超声波测温技术，但超声测温仪造价昂贵，有待进一步开发研究。

经过比较上述各类测温方法的优缺点，本实验决定选用 WRNK-101 型 K 型铠装镍铬-镍硅热电偶测温，温度显示器是 101 型 XMZ 数显温度指示仪（精度 ±1℃）。

本实验通过热电偶测温系统测量 GAC 床层温度，参考 Liu 等人[104] 提供的方法，记录各种条件下 GAC 床层在 2450MHz 微波场中的升温过程。为了消除误差，以下 GAC 升温实验均将 GAC 床层置于石英玻璃反应器的中部位置。

由于铠装热电偶有金属外壳封装，对传热有一定的影响，为考查这种热电偶测温的准确性，参考田森林[105] 描述的方法对热电偶测温系统进行校正，其方法简述如下：将水银温度计和铠装热电偶置于装有硅油的恒温油浴锅中的同一高度，然后加热使硅油温度逐渐升高。在温度升高过程中，不断记录水银温度计和热电偶测温系统的示数，实验结果见表 3-3。

表 3-3　热电偶测温系统与水银温度计测定结果的比较

水银温度计示数/℃	20	21	47	54	60	68	71.5	78	81	84	88	91	92
热电偶测温示数/℃	18	20	46	53	59	68	72	79	83	86	90	93	94
水银温度计示数/℃	121	143	156	172	193	214	238	257	276	296	315		
热电偶测温示数/℃	124	145	160	176	197	220	244	263	283	303	321		

从表 3-3 可见，在 60℃ 以下的低温段，热电偶测温系统示数比水银温度计示数低 1℃ 以上，而在 70℃ 以上，热电偶测温系统示数比水银温度计示数高 2℃ 以

上，因此此热电偶测温系统温度指示比较准确。以上测定温度均为热电偶测温系统示数的校正值（即60℃以下认为实际温度为热电偶测温系统示数加1℃以上，70℃以上认为实际温度为热电偶测温系统示数减2℃以上）。

3.7.2　活性炭床层升温过程的影响因素

初步实验表明微波功率、活性炭量等是GAC床层升温过程的主要影响因素。以下考查微波功率及活性炭量两因素对GAC床层升温过程的影响。

3.7.2.1　不同微波功率下GAC床层在微波场中的升温曲线

活性炭在微波场中能够达到的温度主要取决于炭的性质（介电特性）和微波功率。对于某一种给定的活性炭（如煤质颗粒活性炭），从原理上讲，可通过调节微波功率来控制活性炭所能达到的温度。微波功率被认为是本实验中最重要的参数，因为GAC床层在微波场中的升温过程直接决定于微波功率。

本实验所考查的微波功率为136W、320W、800W。常压、不通载气、活性炭量为5.000g、不同微波功率下GAC床层的升温曲线如图3-4所示。

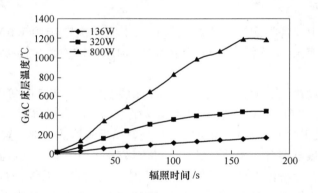

图3-4　不同微波功率下GAC床层的升温曲线

由图可以清楚地看到，微波功率越高，升温越快。微波功率越高，GAC吸收微波能越快，且向周围环境散失的热量相对于吸收的微波能量来讲比例越小，所以升温越快。根据实验结果，在一定微波功率下，GAC或载乙醇GAC在微波场中虽然升温迅速，但最终温度都会趋于一定值，不存在"失控效应"。因此，解吸再生过程中如果要控制终温可通过调节微波功率来实现。

3.7.2.2　不同活性炭量下GAC床层在微波场中的升温曲线

样品的体积和表面积是决定微波吸收状况及向环境散热状况的重要参数。不同的GAC用量意味着反应器中GAC的填充体积和装填高度不同，也意味着GAC

床层的体积及表面积不同，即接受微波辐照及向环境散热的负荷不同。所以，活性炭量不同，升温过程将不同，GAC 床层的最终温度也将不同。

在实验过程中发现，当 GAC 用量低于 3g 时，热电偶不能用于指示其温度。因为当 GAC 用量太少时，热电偶探头不能深入到 GAC 床层内部，而直接暴露于微波辐照下，会在探头的尖端产生火花，在这种情况下所显示的温度不是 GAC 床层的真实温度。尽管 GAC 用量为 3g 时炭床的温度不能通过热电偶测得，但可观察到在 320W 微波功率下辐照 10min 的过程中炭床没有变红。推断其原因可能是接受微波辐照的 GAC 达到一定的装载负荷后才能有效地吸收微波。

本实验所考查的 GAC 用量为 5.000g、8.000g、10.000g 和 15.000g。常压、不通载气、微波功率为 320W、不同活性炭量下 GAC 床层的升温曲线如图 3-5 所示。

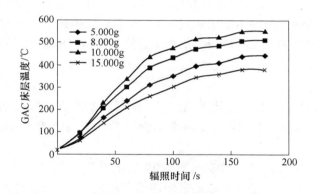

图 3-5 不同活性炭量下 GAC 床层的升温曲线

在开始阶段，GAC 用量越多，GAC 床层吸收微波能越有效，升温越快，活性炭量较少升温反而不是很好，推断其原因可能是 GAC 达到一定的装载负荷后才能有效地吸收微波能，与之前的推断一致。但当 GAC 用量超过一定量后，炭床升温速率有所下降，其原因可解释为，GAC 用量越大就需要越多的能量维持其高温。

3.7.3 GAC 床层在微波场中升温行为的定量描述

根据实测结果，GAC 床层在微波场中的升温和金属矿物等的升温有所不同。即 GAC 的升温不存在"失控效应"，达到一定温度后不再上升；而对于金属矿物等而言，其电导率、比热等的影响使微波加热的参数发生很大改变，从而导致其温度的不可控。

对物料在微波场中的升温行为，还没有普遍的、准确的、便于实际运用的定量公式，但可用以下经验公式进行描述[106]。

将升温过程分为两个阶段，第一阶段认为温度与时间成线性关系，即：

$$T = a_0 + a_1 t \tag{3-3}$$

式中 T——物料温度；

   a_0，a_1——常数；

     t——时间。

第二阶段物料的升温较慢，可用下式对升温曲线进行拟合：

$$T = (ct + d)^{1/2} \tag{3-4}$$

式中 T——物料温度；

   c，d——常数；

     t——时间。

分析本实验 GAC 床层的升温数据，GAC 床层升温的第一阶段也接近线性升温，但第二阶段的升温却不能用式（3-4）作满意的描述。田森林在文献［105］中说明活性炭升温的第二阶段用负指数函数描述可得到满意的结果：

$$T = ce^{d/t} \tag{3-5}$$

式中，c 和 d 为常数。c 值从理论上确定了一定微波功率下 GAC 床层所能达到的最终温度。这个公式说明不同微波功率辐照下，GAC 床层所能达到的最终温度不同。

以常压下、不通载气、微波功率 320W、活性炭量 5.000g 时 GAC 床层 80 ~ 180s 的升温情形为例：这一阶段的升温曲线若用式（3-4）拟合，相关系数 $R^2 = 0.9880$；而用式（3-5）拟合，则 $R^2 = 0.9998$。由此看出用负指数函数来描述煤质 GAC 在微波场中第二阶段的升温行为是更符合实际情况的。

综上所述，GAC 床层在微波场中的升温可分为两个阶段：第一阶段升温较快，可用线性关系描述；第二阶段升温较慢，可用负指数函数描述。最终 GAC 床层温度将趋于定值。至于第一阶段和第二阶段的划分，通过观察实验数据得知，以 0 ~ 60s 为第一阶段，80s 以后为第二阶段。不同条件下 GAC 床层升温速率的拟合方程及相关系数见表 3-4。

表 3-4   不同条件下 GAC 床层的升温速率方程及相关系数

实验条件	第一阶段升温速率方程		第二阶段升温速率方程	
	$T = a_0 + a_1 t$	R^2	$T = ce^{d/t}$	R^2
$m_C = 5.000g$，$P = 136W$	$T = 15 + 1.1t$	0.9901	$T = 252.50e^{\frac{-77.34}{t}}$	0.9998
$m_C = 5.000g$，$P = 320W$	$T = 10.9 + 3.745t$	0.9969	$T = 600.21e^{\frac{-52.85}{t}}$	0.9998

续表 3-4

实验条件	第一阶段升温速率方程		第二阶段升温速率方程	
	$T = a_0 + a_1 t$	R^2	$T = ce^{d/t}$	R^2
$m_C = 5.000\text{g}, P = 800\text{W}$	$T = 6.0 + 8.05t$	0.9972	$T = 2051.54e^{\frac{-91.70}{t}}$	0.9994
$m_C = 8.000\text{g}, P = 320\text{W}$	$T = 12.6 + 4.78t$	0.9985	$T = 649.66e^{\frac{-40.31}{t}}$	0.9997
$m_C = 10.000\text{g}, P = 320\text{W}$	$T = 9 + 5.425t$	0.9966	$T = 678.66e^{\frac{-34.98}{t}}$	0.9998
$m_C = 15.000\text{g}, P = 320\text{W}$	$T = 11.5 + 3.2t$	0.9963	$T = 542.38e^{\frac{-57.99}{t}}$	0.9996

从相关系数值来看，用以上速率方程描述煤质 GAC 在微波场中的升温行为是符合实际情况的。

4

阿莫西林废水处理

抗生素是一种结构复杂、应用广泛的杀菌性药物，目前仅已知的天然抗生素不下万种。按化学结构的不同，抗生素可分为β-内酰胺类抗生素、氨基糖苷类抗生素、大环内酯类抗生素、四环素类抗生素、奎诺酮类抗生素等。其中β-内酰胺类抗生素的应用最为广泛，β-内酰胺类抗生素是指分子中含有由四个原子组成的β-内酰胺环的一大类抗生素。

阿莫西林（amopenixin）为半合成的广谱青霉素类抗生素，由英国比彻姆（Beecham）公司于 1968 年开发研制，对需氧革兰阳性球菌、需氧革兰阴性菌（如大肠杆菌、流感嗜血杆菌等）、幽门螺杆菌均有良好的抗菌活性，可广泛用于治疗呼吸道、消化道、泌尿道、生殖道、皮肤等的感染。阿莫西林具有耐酸、耐酶、稳定性好等特点，尤其对胃酸相当稳定，口服后能够吸收迅速，75% ~ 90% 可自胃肠道吸收，食物对药物吸收的影响不显著，因此得到了广泛使用。阿莫西林和青霉素都属于β-内酰胺类抗生素，它们的作用机理均为抑制细菌细胞壁的合成，使细菌迅速成为球状体而溶解、破裂，从而达到杀菌的目的。

4.1 阿莫西林生产废水水质分析

阿莫西林的合成通常是在 6-氨基青霉烷酸（6-APA）的 6 位上引入侧链，在二氯甲烷溶剂中，羟邓盐与特戊酰氯在催化剂的作用下生成混合酸酐，6-APA 则与三乙胺（TEA）反应，制成胺盐溶液，然后用 6-APA 胺盐溶液与混合酸酐反应，缩合、水解、结晶、干燥得阿莫西林[107~111]。在生产过程中三乙胺用于溶解6-APA，在水解时与盐酸生成三乙胺盐酸盐，在离心时用 80% 丙酮水溶液洗料，因此在废水中除了含有阿莫西林及其降解产物外，还含有部分剩余的三乙胺和丙酮等。其中 6-APA 是生产各种半合成青霉素的重要原料。青霉素分子结构和阿莫西林分子结构式如图 4-1 和图 4-2 所示。

从两者的分子结构可以看出，阿莫西林分子是在青霉素分子的基础上引入了两个吸电子基团，即羟基和氨基。由于引入基团的关系，阿莫西林分子比天然青霉素的性质更稳定，因此在废水处理中的难度也就更大。

目前微波在废水处理中的应用主要分为 3 种：

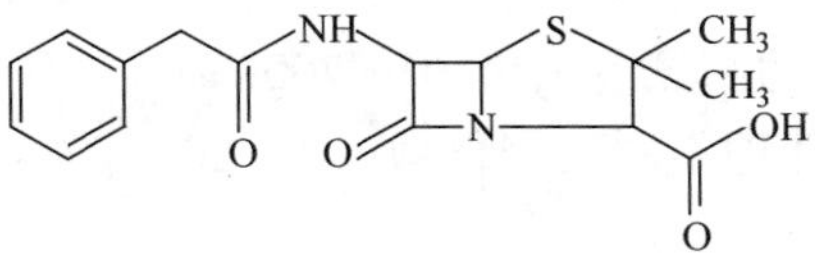

图4-1 青霉素分子结构式

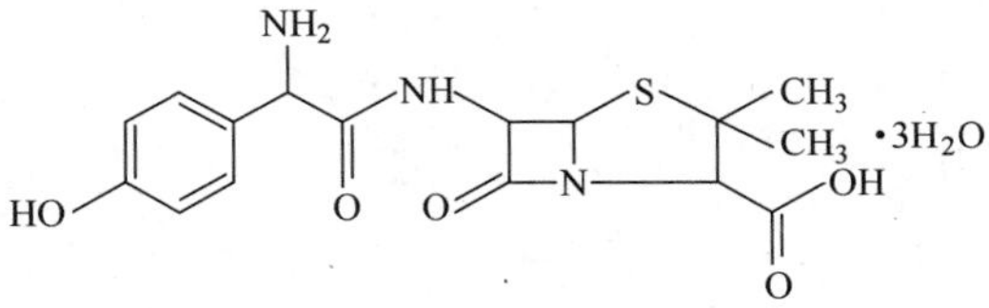

图4-2 阿莫西林分子结构式

（1）活性炭单独吸附法。先将废水中的污染物吸附到吸波物质上（如活性炭、铁屑等），然后将吸波物质置于微波场中辐射，从而使污染物得到降解。

（2）微波单独辐照法。直接用微波辐射废水使污染物进行降解，这种方法又分为添加和不添加吸波物质两种。

（3）联合法。通过微波技术与其他技术的结合使用来降解废水中的污染物。

本实验采用（1）和（2）方法对阿莫西林生产废水COD值进行处理：将阿莫西林废水吸附到活性炭，然后置于微波场中辐射，从而使污染物得到降解；直接用微波辐射阿莫西林废水，不添加吸波物质；用活性炭作添加吸波物质直接用微波辐射废水使污染物进行降解。即分别用活性炭单独吸附法、微波单独辐射法和活性炭-微波联用法处理阿莫西林生产废水。通过考查处理后的COD值是否达到国家污水排放标准和COD去除率的高低，确定各个实验的单因素最佳实验条件，并在考查处理效果的同时也考虑实验应用的可行性。

4.2 阿莫西林废水处理方法

4.2.1 活性炭单独吸附

本实验采用的吸波材料为活性炭。具体的实验方法见3.2节。

该实验考查了废水进水浓度、吸附时间、吸附温度、活性炭类型、活性炭用量、废水pH值等因素对废水COD去除率的影响，并按照 L_{16}（4^5）正交实验表设计实验来确定各因素影响COD去除率的主次关系以及确定最佳工艺条件。

4.2.1.1 单因素实验结果与讨论

（1）进水浓度。由于废水的COD初始浓度高达 $10000 \sim 15000 \text{mg/L}$，而活性

炭的吸附能力有限，因此在活性炭处理之前，需对废水进行一定的稀释。而且重铬酸钾氧化法测 COD 值的测试范围为 30～700mg/L，为了保证 COD 值在测试范围之内，本实验考查了几种不同稀释倍数（5～100 倍）下 COD 的去除效果，结果如图 4-3 所示。

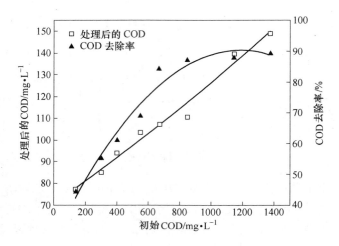

图 4-3   废水 COD 浓度对处理效果的影响

从图可以看出：废水浓度较低时，提高废水浓度，可增加活性炭的吸附量，从而提高 COD 去除率，这是因为活性炭的储备吸附能力对废水中污染物的吸附有一定程度的增加；但是当废水浓度升高到一定值后，随着浓度的增加，吸附量增加减小，COD 去除率增幅也随之减小。当进水 COD 为 551.22mg/L 即稀释 25 倍时，COD 去除率的增幅明显减小到趋于平衡，但是考虑到出水 COD 在稀释 10 倍时仅为 160.62mg/L，经过优化后完全有望达国家排放标准，因此本实验采用的进水浓度为稀释 10 倍，即废水进水 COD 浓度为 1000～1500mg/L。

（2）吸附时间。在进水稀释 10 倍即初始 COD 值为 1000～1500mg/L 的条件下，其他条件不变，通过改变吸附接触时间，考查吸附接触时间对出水 COD 值和 COD 去除率的影响，并根据实验数据绘制曲线，如图 4-4 所示。

图中两条曲线分别是吸附处理后的 COD 值和 COD 去除率随吸附时间的变化趋势。从图中可以看出：总的来说吸附接触时间越长，COD 去除率越高，处理后的 COD 值越小。在开始时出水的 COD 值随着时间的延长迅速下降，后来逐渐趋于平衡，在接触 55min 后 COD 值基本稳定。这是因为溶液中吸附质占据活性炭活性点位是一个渐进的过程，需要一定的时间来达到吸附平衡。即吸附接触前活性炭的活性点位全部处于自由状态，当开始接触时，推动力很大，所以吸附很快，但是随着吸附接触时间的延长，活性点位不断被吸附质占据，空着的活性点位不断减少，推动力也减小，吸附速度逐渐下降，直至活性点位被全部占据，推

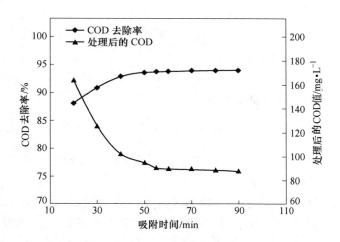

图 4-4 吸附时间对处理效果的影响

动力为零，吸附达到平衡。

从图 4-4 还可以看出在吸附时间为 55min 时，达到吸附平衡，因此最佳的吸附接触时间为 55min。

（3）吸附等温线的绘制。不论吸附剂与吸附质的性质如何，在一定温度下，液、固两相经过充分接触后，最终将达到吸附平衡。吸附等温线就是指在一定温度下溶质分子在两相界面上进行的吸附过程达到平衡时，溶质分子在两相中浓度之间的关系曲线。常用的表示吸附平衡的表达式有朗格缪尔（Langmuir）等温式和弗来德里希（Freundlich）等温式，两者都适合物理和化学吸附。

1）朗格缪尔等温式。

朗格缪尔假设：吸附剂表面均一、各处的吸附能相同；单分子层吸附；被吸附分子间无相互作用力。据此有：

$$q_e = \frac{Kq_\infty C_e}{1 + KC_e} \tag{4-1}$$

式中　q_e——平衡吸附量，指达到平衡时，单位吸附剂所吸附的物质的数量，mg/g；

　q_∞——饱和吸附量，mg/g；

　C_e——溶质的平衡浓度，mg/L；

　K——朗格缪尔吸附常数。

朗格缪尔等温式可以变形为：

$$\frac{1}{q_e} = \frac{1}{q_\infty} + \frac{1}{Kq_\infty C_e} \tag{4-2}$$

2）弗来德里希等温式。

$$q_e = KC_e^{1/n} \tag{4-3}$$

式中 K——弗来德里希吸附常数；

n——常数。

弗来德里希等温式可以变形为：

$$\ln q_e = \ln K + \frac{1}{n} \ln C_e \tag{4-4}$$

在弗来德里希等温式中，参数 K 主要与吸附剂对吸附质的吸附容量有关，而 $1/n$ 是吸附力的函数。有理论指出：

① 如果等温线斜率较小时，说明吸附质与吸附剂之间的吸附能力大。如果等温线斜率较小且位置较高，说明在所研究的整个浓度范围内吸附能力都较大；如果等温线斜率较小且位置较低，则表明吸附能力按吸附浓度变化的比例而改变。

② 如果等温线的斜率较大，则表明在浓度高时吸附能力大，在浓度低时吸附能力很小。

确定好吸附时间后，活性炭与阿莫西林生产废水进行吸附实验并绘制等温线。实验量取 50mL 稀释 10 倍的阿莫西林生产废水 10 组，分别加入 0.5g、1.0g、2.0g、3.0g、4.0g、5.0g、6.0g、7.0g、8.0g、9.0g 活性炭，在常温磁力搅拌作用下吸附 55min 后，抽滤，测定出水 COD 值，并计算吸附容量。实验数据见表 4-1。

表 4-1 活性炭吸附的等温实验数据

m/g	$C_e/\text{mg} \cdot \text{L}^{-1}$	$q_e/\text{mg} \cdot \text{g}^{-1}$	$\ln C_e$	$\ln q_e$	$\frac{1}{C_e}/\text{L} \cdot \text{mg}^{-1}$	$\frac{1}{q_e}/\text{g} \cdot \text{mg}^{-1}$
0.5	645.98	92.07	2.81	1.94	0.001548	0.0109
1	541.43	51.26	2.73	1.71	0.001847	0.01951
2	481.08	27.14	2.68	1.43	0.002079	0.03685
3	453.80	18.55	2.66	1.27	0.002204	0.05391
4	428.80	14.22	2.63	1.15	0.002332	0.07032
5	394.71	11.72	2.60	1.07	0.002533	0.08532
6	374.25	9.94	2.57	1.00	0.002672	0.1006
7	355.69	8.65	2.55	0.94	0.002811	0.1156
8	344.71	7.64	2.54	0.88	0.002900	0.1309
9	321.60	6.92	2.51	0.84	0.003109	0.1445

根据上述实验数据，进行 Langmuir 等温线和 Freundlich 吸附等温线的拟合，如图 4-5 和图 4-6 所示。通过比较相关系数，得出实验比较适合 Freundlich 等温线。由图 4-6 可以得出，Freundlich 等温式为 $q_e = 8.639 C_e^{3.7489}$，其中斜率 $1/n =$

3.7489 比较大，q_e 随着 C_e 的微小变化而产生明显的变化，说明在废水中有机物浓度较高时吸附能力大，而在浓度较低时，该类废水不适合用活性炭单独吸附，并且与前面废水稀释倍数对处理效果的影响结果一致，即浓度越高，COD 去除效果越好。

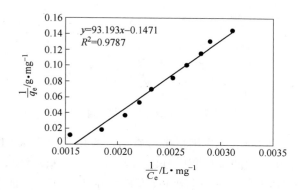

图 4-5 Langmuir 吸附等温线

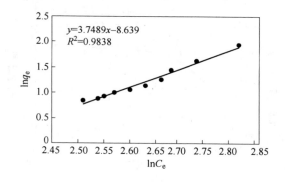

图 4-6 Freundlich 吸附等温线

（4）吸附温度。在不同的温度条件下，活性炭对阿莫西林生产废水分别处理 55min，讨论温度对该类废水 COD 去除效果的影响。废水 COD 去除率和温度之间的关系如图 4-7 所示。

由图可以看出 COD 去除率随着温度的升高而略有降低。例如，操作温度由 5℃升高到 50℃时，阿莫西林生产废水 COD 去除率由 95.0% 降到 92.5%。这是因为活性炭物理吸附是放热反应，低温有利于吸附的进行。在实际应用中，为了避免操作过程复杂化，宜选择室温为吸附温度，实验可以通过适当的增加活性炭用量的方法来提高处理效果。

（5）活性炭用量。在确定进水稀释倍数和吸附接触时间的条件下，其他条

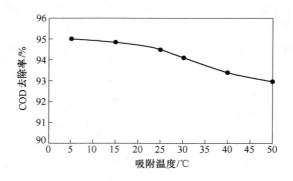

图 4-7 温度对处理效果的影响

件不变，通过改变不同的活性炭用量来考查活性炭用量对出水 COD 值和 COD 去除率的影响。实验在不同的锥形瓶中分别加入 3.0g、4.0g、5.0g、6.0g、7.0g 活性炭于 50mL COD 浓度为 1000～1500mg/L 的废水中，在磁力搅拌器的作用下吸附接触 55min，结果如图 4-8 所示。

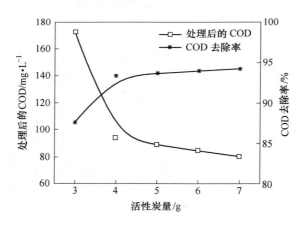

图 4-8 活性炭用量对处理效果的影响

从图可以看出，随着活性炭用量的增加，COD 去除率不断上升，当活性炭用量在 4g 及其以上时，COD 去除率达到 90% 以上，且处理后的 COD 值达国家排放标准。尽管从理论上来说，活性炭用量越大，废水中 COD 的去除效果越好，但是在实际工作中，考虑到成本问题即用最少量的活性炭达到排放标准，因此本实验采用的活性炭用量为 4g，即固液比为 1g：12.5mL。

（6）活性炭类型。实验通过采用不同类型的活性炭对废水进行处理，考查不同材质、不同粒径的活性炭对 COD 去除效果的影响，结果如图 4-9 所示。

从上面的实验图可以看出，对于相同粒度的活性炭来说，煤质活性炭比椰壳

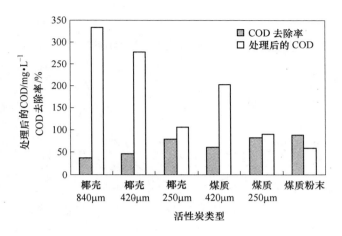

图 4-9 活性炭类型对处理效果的影响

活性炭对废水 COD 的去除率高；对于相同材质的活性炭，颗粒粒径越小，比表面积越大，对废水中污染物的吸附能力越强，COD 的去除率就越高。也就是说煤质粉末活性炭对废水 COD 的去除效果最好。但是由于粉末活性炭不易再生，考虑到节约成本和环保问题，因此本实验采取处理效果略低于煤质粉末活性炭的煤质 250μm 活性炭作为吸附剂。

（7）废水初始 pH 值。废水的初始 pH 值也是活性炭吸附中一个重要的考查因素。因为溶液的 pH 值控制了废水中酸性或碱性化合物的离解度，当 pH 值达到某个范围时，这些化合物就要离解，对活性炭的吸附势必会有影响。另外 pH 值还会影响吸附质的溶解度、胶体物质吸附质的带电情况。因此本实验用 1.0mol/L 的 H_2SO_4 和 1.0mol/L 的 NaOH 调节废水的 pH 值，分别在废水初始 pH 值为 2.0、4.0、6.0、8.0、10.0、12.0、14.0 条件下进行活性炭吸附实验，并测处理后的 COD 值，计算 COD 去除率，并根据实验数据绘制曲线，如图 4-10 所示。

结果显示：在碱性条件下，随着碱性增加，COD 去除率明显降低，尤其是在 pH 值高于 10.0 以后，显示为不易吸附；在酸性条件下，随着酸性减弱，COD 去除率略有增加，当 pH 值为 6.0 时，处理后的 COD 值和 COD 去除率均达到最好的处理效果。这是因为活性炭一般在酸性溶液中比在碱性溶液中有较高的吸附率，因此本实验采用废水初始 pH 值为 6。

4.2.1.2 正交实验结果与讨论

通过上述各单因素考查得出，活性炭单独吸附阿莫西林生产废水的优方案是：进水稀释 10 倍，pH 值为 6，250μm 的煤质活性炭，吸附时间 55min，活性

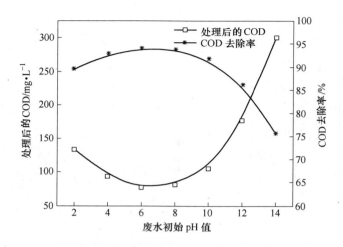

图 4-10 废水初始 pH 值对处理效果的影响

炭用量 5g。在进水 pH 值为 6 的条件下，以进水稀释倍数、活性炭类型、活性炭用量（g）和吸附时间（min）为因素，按照 L_{16}（4^5）四因子四水平正交实验表设计实验，以阿莫西林生产废水处理后的 COD 值和 COD 去除率为评价指标进行正交实验，对正交实验进行直观分析，结果见表 4-2、表 4-3。

表 4-2　正交实验

实验号	因素					末 COD 值 /mg·L^{-1}	去除率 /%
	进水稀释倍数	活性炭类型	活性炭用量 /g	空白	吸附时间 /min		
1	5	椰 420μm	3		45	1363.23	51.5
2	5	椰 250μm	4		50	302.92	89.3
3	5	煤 420μm	5		55	354.45	87.5
4	5	煤 250μm	6		60	176.24	93.8
5	10	椰 420μm	4		60	260.43	81.6
6	10	椰 250μm	3		55	204.96	85.5
7	10	煤 420μm	6		50	134.54	90.5
8	10	煤 250μm	5		45	113.03	89.2
9	20	椰 420μm	5		50	101.89	85.6
10	20	椰 250μm	6		45	103.07	85.4
11	20	煤 420μm	3		60	67.66	90.4
12	20	煤 250μm	4		55	78.29	88.9
13	25	椰 420μm	6		55	107.00	81.1
14	25	椰 250μm	5		60	90.09	84.1
15	25	煤 420μm	4		45	119.20	78.9
16	25	煤 250μm	3		50	99.14	82.5

表 4-3　$L_{16}(4^5)$ 正交实验的直观分析

因素 水平	进水稀释倍数		活性炭类型		活性炭用量		空　白		吸附时间	
	K_1	$\overline{K}_1$	K_2	$\overline{K}_2$	K_3	$\overline{K}_3$	K_4	$\overline{K}_4$	K_5	$\overline{K}_5$
1	322.04	80.51	299.76	74.94	309.92	77.48	315.00	78.75	305.03	76.26
2	346.72	86.68	344.25	86.06	338.68	84.67	349.94	87.49	347.80	86.95
3	350.33	87.58	347.27	86.82	346.27	86.57	336.90	84.23	342.95	85.74
4	326.50	81.63	354.31	88.58	350.72	87.68	343.75	85.94	349.81	87.45
R	7.07		13.64		10.20		8.74		11.20	

$L_{16}(4^5)$ 中 L 为正交表的代号，16 为试验的次数，4 为水平数，5 为列数，也就是可能安排最多的因素个数。K 表示各个因素出现次数所得结果之和，例如 $L_{16}(4^5)$，第一个因素的第一个水平出现 4 次，K_1 表示这 4 次结果之和，$\overline{K}_1$ 表示平均值。通过比较极差 R 可知，活性炭对阿莫西林生产废水的处理效果影响因素大小顺序为：活性炭类型 > 吸附时间 > 活性炭用量 > 废水进水浓度。从实验结果看，如果只考虑以 COD 去除率为衡量指标的话，正交实验确定的最佳工艺条件为煤质 250μm 的活性炭用量 6g，稀释 20 倍的条件下吸附 60min。

4.2.1.3　验证实验

在单因素最佳条件和正交最优方案条件下，分别做 3 组平行实验，结果见表 4-4。

表 4-4　验证实验

实验	末 COD_1/mg·L^{-1}	末 COD_2/mg·L^{-1}	末 COD_3/mg·L^{-1}	平均值/mg·L^{-1}	去除率/%
单优	81.45	81.44	81.46	81.55	94.2
正优	62.14	62.14	62.15	62.14	95.6

从结果可以看出，单因素实验方案的 COD 去除率为 94.2%，出水 COD 值为 81.45mg/L；正交最优方案 COD 去除率为 95.6%，出水 COD 值为 62.14mg/L。不管是出水水质，还是 COD 去除率，后者明显优于前者，这是必然的。但是考虑到单优进水浓度是正交的 2 倍，二者活性炭成本之比为 7:5，而且均达到国家城镇污水二级排放标准，因此在出水 COD 达标的前提下，从成本与处理负荷看，本实验采用单因素实验方案比正交最优方案节省活性炭，而且对废水稀释倍数小，清水动力消耗量小，处理负荷大，因此前者比后者更经济有效。

4.2.2　微波单独辐照法

对于不添加活性炭的微波法，实验方法为：称取 5g 活性炭于 250mL 的锥形瓶中，加入稀释 10 倍的阿莫西林生产废水，然后在功率为 480W 的微波炉中辐射处理 5min，真空抽滤，测滤出液的 COD 值，并计算 COD 去除率。实验结果显示：COD 去除率仅为 10% ~ 20%。这是因为根据玻耳公式，2450MHz 的微波能量仅为 0.1kJ/mol，这些能量只能激发分子的转动能级跃迁，根本达不到破坏 C—C、C—H（C—C 键化学能 420kJ/mol，C—H 键化学能 340kJ/mol）等化学键所需的能量。因此有机污染物溶液单独接受微波辐射时，微波能对溶液只是进行均匀加热，最高温度只有 100℃左右，很难形成降解污染物的条件。另外通过大量的文献查阅，也证实了单独的微波对废水进行辐射的处理效果不明显。

4.2.3　活性炭-微波联用法

由于单独的微波辐照法对废水处理效果不理想，因此本节主要采用微波协同活性炭对阿莫西林生产废水进行处理，也就是第 3 章中介绍的微波处理法中的第（2）类方法，不同的是本实验中添加了颗粒活性炭作为吸波材料，在活性炭催化氧化作用下微波辐射废水使污染物降解。

4.2.3.1　实验方法

称取一定量的活性炭于反应瓶中，加入 50mL 一定浓度的阿莫西林生产废水，然后在一定功率下于微波炉中辐射一定时间，取出反应瓶冷却至室温后，真空泵抽滤，测滤出液的 COD 值，计算 COD 去除率。

4.2.3.2　单因素实验结果与讨论

（1）辐照时间。活性炭用量 5.0g，辐照功率 480W，废水进水 COD 浓度为 1000 ~ 1500mg/L。每次量取 50mL 阿莫西林生产废水，在上述实验条件下置于微波炉中对废水进行处理，通过改变微波辐照时间，考查微波辐照时间对出水 COD 和 COD 去除率的影响，并根据实验数据绘制曲线，如图 4-11 所示。

从图 4-11 可以看出，随着微波辐照时间的增加，废水的 COD 不断减小，COD 去除率逐渐升高，但是增幅逐渐减小。当辐射 5min 时，COD 去除率可达 88.3%，5min 以后 COD 去除率增加很缓慢，几乎趋于平衡。另外随着辐射时间的增加，由于微波辐射使废水迅速沸腾导致水分不断挥发，从而造成废水体积不断减小，即辐射时间越长水的损失量越大。因此综合考虑这两种因素，本实验选取 5min 作为辐照时间。

（2）进水浓度。由于该类废水有机物浓度很高，其 COD 值达 10000mg/L 以上，如果直接处理，处理负荷过大，处理后的废水无法达到国家排放标准，还需进行后续处理。因此本实验先对原水进行稀释，通过考查在不同进水浓度条件下废水的 COD 去除率，确定最佳的稀释倍数。

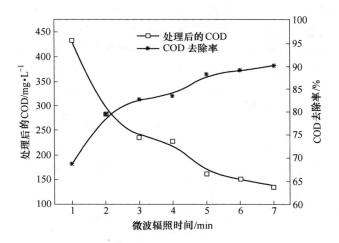

图 4-11 辐照时间对处理效果的影响

从图 4-12 可以看出，随着废水稀释倍数的增加，处理后的 COD 和 COD 去除率逐渐减小。这是因为当稀释倍数小的时候，废水中有机物含量多，COD 浓度高，COD 降低的速度快，从而有利于提高 COD 去除率，因此在稀释 5 倍时 COD 去除率最大。但是由于在稀释 5 倍时初始 COD 太高，经过处理后的出水 COD 也是最大的，为 360.17mg/L，距我国制药废水的排放标准 100mg/L 还有很大的距离。因此综合考虑，本实验采取废水进水浓度为 1000～1500mg/L。

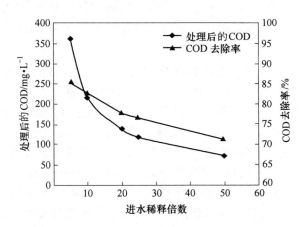

图 4-12 进水稀释倍数对 COD 去除率的影响

（3）微波辐照功率。与常规加热不同，微波加热是通过微波能与极性材料相互作用而产生由内而外的内部加热，因此微波的这种选择性加热方式可以将能量传递到微波场中的某些特定部位。随着微波功率的增加，这种选择性加热方式被增强，废水和吸波材料活性炭的温度梯度增大，从而有利于 COD 去除率的提高。本实验考查微波辐照功率对废水处理效果的影响。实验所用微波装置的辐照功率分 6 个挡，即 160W、240W、320W、480W、640W、800W。其他条件不变，仅改变辐照功率，测不同功率下废水 COD 的去除率，结果如图 4-13 所示。

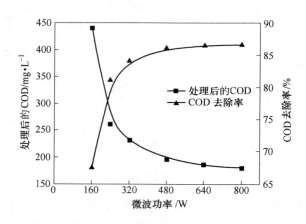

图 4-13　微波辐照功率对处理效果的影响

图 4-13 表明，微波辐射功率越高，COD 去除效果越好，这种现象可能是由于随着微波功率的提高，活性炭表面"热点"吸收的能量变多，因而对废水中有机物的高温氧化能力提高，废水 COD 去除率也随之提高。但是当微波功率大于 480W 时，随着微波功率的增加，COD 去除效果增加幅度逐渐减小，而且微波功率越高，能耗越大，废水和活性炭的损耗也越大。综合考虑，本实验选择微波功率为 480W。

（4）活性炭用量。在微波功率为 480W、废水浓度稀释 10 倍、微波辐射时间为 5min 的条件下，改变活性炭用量，讨论活性炭用量对出水 COD 和 COD 去除率的影响。在微波辐射过程中，可以看到在活性炭表面出现火花，根据固-液反应机理可知，此反应为非均相催化反应。活性炭在反应中既是催化剂又是吸附剂，它首先把废水中的有机物吸附在其表面，由于其表面的不均匀性，微波辐射导致表面会产生许多"热点"，这些热点的能量比其他部位高得多，温度可达 1000℃以上，常作为诱导反应的催化活性中心。从图 4-14 可以看出，随着活性炭用量的增加，它所吸附的有机物的量增多，吸收的微波能量增加，形成的活化中心也增多，从而有利于反应的进行。但是当活性炭用量为 6g 时，COD 去除率已达 87.3%，此后随着活性炭用量增加，COD 去除率升高变得比较缓慢。从处理成本和处理效果两方面分析，活性炭用量为 6g 较为合适，因此本实验选择催化剂活性炭用量为 6g。

（5）吸附等温线。依据上述活性炭用量实验数据得出表 4-5。根据该表对活

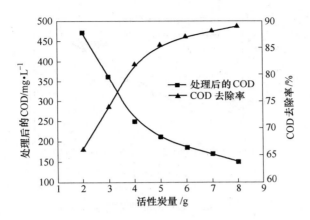

图 4-14 活性炭用量对处理效果的影响

性炭-微波联用实验进行 Langmuir 吸附等温线和 Freundlich 吸附等温线的拟合。

表 4-5 活性炭-微波的等温吸附数据

m/g	C_e/mg·L^{-1}	q_e/mg·g^{-1}	$\dfrac{1}{C_e}$/L·mg^{-1}	$\dfrac{1}{q_e}$/g·mg^{-1}	$\ln C_e$	$\ln q_e$
2	466.34	23.79	0.0021	0.042	2.67	1.38
3	362.82	17.58	0.0028	0.057	2.56	1.25
4	247.83	14.63	0.0040	0.068	2.39	1.17
5	204.80	12.13	0.0049	0.082	2.31	1.08
6	179.98	10.32	0.0056	0.097	2.26	1.01
7	157.54	9.00	0.0063	0.110	2.20	0.95
8	143.35	7.97	0.0070	0.125	2.16	0.90

以 $1/C_e$ 为横坐标、$1/q_e$ 为纵坐标绘制 Langmuir 吸附等温线（见图 4-15），得出线性方程为：

$$y = 16.29x + 0.006 \tag{4-5}$$

$$R^2 = 0.985$$

并且根据方程得出 $q_\infty = 166.67 \text{mg/L}$，$K = 0.00037$，即

$$q_e = \frac{0.06167 C_e}{1 + 0.00037 C_e} \tag{4-6}$$

以 $\ln C_e$ 为横坐标、$\ln q_e$ 为纵坐标绘制 Freundlich 吸附等温线（见图 4-16），得出线性方程为 $y = 0.896x - 1.013$，即 $q_e = 0.0971 C_e^{0.8965}$，$R^2 = 0.978$，其中斜率为 0.8965，得出 $n = 1.1154$。在 Freundlich 吸附等温线 n 值反映吸附剂的不均匀

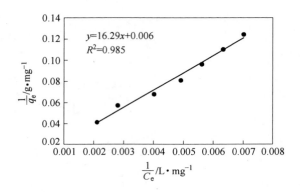

图 4-15　Langmuir 吸附等温线

性或吸附反应强度，n 值越大，吸附性能越好。n 值也常用于判断吸附的优惠性，$n > 1$ 时为优惠吸附，$n = 1$ 时为线性吸附，$n < 1$ 时为非优惠吸附。在本实验中，$n > 1$，为优惠吸附。

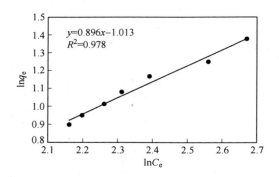

图 4-16　Freundlich 吸附等温线

　　通过比较两个模型的回归相关系数 R^2，Langmuir 模型相关系数大于 Freundlich 模型相关系数，可以得出活性炭-微波联用技术对阿莫西林生产废水的吸附过程更符合 Langmuir 模型。

　　（6）废水 pH 值。为考查溶液初始 pH 值对有机物降解的影响，在不同 pH 值条件下进行了实验。即在几组反应瓶中分别加入 pH 值为 1.0、3.0、5.0、7.0、9.0、11.0、13.0 的稀释了 10 倍的阿莫西林生产废水 50mL，在其他条件不变的情况下，进行上述 7 组实验，实验结果如图 4-17 所示。

　　从图 4-17 可以看出，在酸性条件下废水的 COD 去除率是随 pH 值的增加而增加的，当 pH 值为 9.0 时达到最大值，随后又缓慢下降，同时在 pH 值为 9 时，处理后的 COD 达到最小。因此实验采取的进水 pH 值为 9.0。

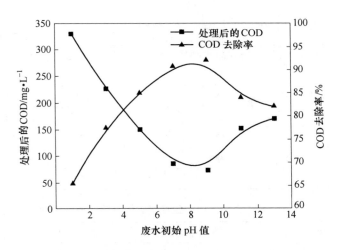

图 4-17 废水初始 pH 值对处理效果的影响

4.2.3.3 正交实验结果与讨论

通过上述各单因素考查得出，活性炭-微波联用处理阿莫西林生产废水的优方案是：进水稀释 10 倍，pH 值为 9.0，辐射时间 5min，活性炭用量 6g。在此基础上，在 pH 值为 9 的条件下，以进水稀释倍数、活性炭用量（g）、微波功率（W）和辐射时间（min）为因素，按照 L_{16}（4^5）四因子四水平正交实验表设计实验，以阿莫西林生产废水处理后的 COD 值和 COD 去除率为评价指标，按正交表进行实验，并对正交实验进行了直观分析，结果见表 4-6 和表 4-7。

表 4-6 正交实验

序号	因 素					COD 值 /mg·L^{-1}	COD 去除率 /%
	辐照时间/min	稀释倍数	辐照功率/W	空 白	活性炭量/g		
1	4	5	320		4	587.13	81.1
2	4	10	480		5	97.25	93.7
3	4	15	640		6	56.32	92.7
4	4	20	800		7	59.97	90.3
5	5	5	480		7	238.26	92.3
6	5	10	320		6	202.60	86.9
7	5	15	800		5	141.01	81.8
8	5	20	640		4	109.00	82.4
9	6	5	640		5	443.29	85.7
10	6	10	800		4	231.36	85.1

序号	因 素					COD 值 /mg·L⁻¹	COD 去除率 /%
	辐照时间/min	稀释倍数	辐照功率/W	空 白	活性炭量/g		
11	6	15	320		7	149.92	80.7
12	6	20	480		6	92.39	85.1
13	7	5	800		6	271.08	91.3
14	7	10	640		7	149.11	90.4
15	7	15	480		4	104.95	86.5
16	7	20	320		5	65.24	89.5

表4-7 $L_{16}(4^5)$ 正交实验的直观分析

因素 水平	辐照时间/min		进水稀释倍数		辐照功率/W		活性炭量/g	
	K_1	$\overline{K}_1$	K_2	$\overline{K}_2$	K_3	$\overline{K}_3$	K_4	$\overline{K}_4$
1	357.87	89.47	350.36	87.59	338.17	84.54	335.05	83.76
2	343.51	85.88	356.14	89.04	357.63	89.41	350.75	87.69
3	336.57	84.14	341.70	85.43	351.27	87.82	356.05	89.01
4	358.06	89.52	347.36	86.84	348.49	87.12	353.71	88.43
R	5.38		3.61		4.87		5.25	

通过极差 R 的比较可知，活性炭-微波联用法对阿莫西林生产废水各因素的影响大小顺序为：辐照时间＞活性炭用量＞辐照功率＞废水进水浓度。从实验结果看，如果只考虑以 COD 去除率为衡量指标的话，通过正交实验得出：在废水 pH 值为9.0时，确定的最佳工艺条件为辐照时间为7min，进水浓度1000～1500mg/L，辐照功率480W，活性炭用量为6g。

4.2.3.4 验证实验

在单因素最佳条件和正交最优方案条件下，分别做3组平行实验进行验证，见表4-8。

表4-8 验证实验

实验	COD_1/mg·L⁻¹	COD_2/mg·L⁻¹	COD_3/mg·L⁻¹	平均值/mg·L⁻¹	去除率/%
正优	48.25	48.30	48.28	48.28	96.4
单优	60.32	60.37	60.34	60.34	95.5

结果证明，正交实验处理效果明显高于单因素实验，均达到国家工业废水一级排放标准，尤其是正交最优方案的出水 COD＜50mg/L，远远低于我国目前对该类废水的排放标准。

4.3 活性炭-微波处理阿莫西林废水分析

通过前面的实验可以看出，活性炭单独吸附、微波单独辐照和活性炭-微波联用处理阿莫西林生产废水具有不同程度的效果，下面就处理效果和机理进行分析。

4.3.1 处理效果

（1）COD。经活性炭单独吸附处理后的阿莫西林生产废水的 COD 为 62.14mg/L，COD 去除率为 95.6%；经活性炭-微波联用技术处理后的阿莫西林生产废水的 COD 为 48.28mg/L，COD 去除率为 96.4%。

活性炭-微波联用技术对该类废水的处理明显高于活性炭单独吸附。就目前工业废水排放标准来看，工业污水一级排放标准为 100mg/L，两者都达到了国家排放标准；但是随着人们对环境保护问题越来越重视，新建企业的污水排放标准要求将会更严格，因此对现有企业可采取活性炭单独吸附处理，而对新建企业需要采取处理效果更好、出水 COD 更低的活性炭-微波联用技术进行处理。

（2）吸附等温线的比较。通过绘制两种实验的吸附等温线得出，活性炭单独吸附时的 Freundlich 吸附等温线斜率 $1/n$ 为 3.7489，在处理低浓度废水时活性炭与废水中有机物的吸附能力很弱，不利于吸附，但是可用于较高浓度废水有机物的吸附；而活性炭-微波联用技术的 Freundlich 吸附等温线斜率 $1/n$ 为 0.8965，小于 1，在所有范围内都便于吸附，说明微波加热促进了活性炭对废水中有机物的吸附。

（3）处理时间及实际问题。活性炭单独实验需要 60min 才能达到吸附平衡，而联用技术只需 7min 就可以完成处理，从处理时间看，联用技术明显占有优势。但是目前对微波设备的研究还不是很多，大多还处于实验室研究阶段，并且存在处理量小、能耗大、微波泄漏等问题。

（4）脱色效果的比较。对处理效果较好的两种方法处理前后的颜色进行比较得知：在脱色方面，活性炭单独实验脱色效果较好。

4.3.2 机理分析

微波加热具有选择性，物质吸收微波的能力与其极性、分散系数等因素相关。根据对微波能吸收程度的不同，所有的物质大致可以分为三类：微波导体、微波绝缘体和微波吸收体。对于不能明显吸收微波能的物质，可利用某种强微波吸收体即"敏化剂"作催化剂或催化剂载体，把微波能传给这些物质从而实现某些催化反应，这就是所谓的微波诱导催化反应。

这些敏化剂大多是一些吸收微波能力很强的物质，如活性炭、金属及金属化合物等，由于表面弱键或缺陷位的存在，在微波电磁场作用下，"敏化剂"表面局部点位发生共振耦合传能。这种耦合传能导致催化剂表面能量不均匀，能量较高的点位形成活化中心。这些活化中心的能量（温度可达1000℃以上）比其他部位高得多，因此催化反应就发生在这些部位。也就是说在微波诱导催化反应中微波首先作用于催化剂或其载体使其迅速升温而产生活性点位，当反应物与这些活性点位接触时就可能被诱导发生化学催化反应。

　　活性炭单独吸附实验是通过活性炭独特的物理结构和较强的吸附性能将废水中的有机物吸附到活性炭表面，从而起到净化水质的目的。当活性炭与阿莫西林生产废水混合后，活性炭由于表面自由能较高，有吸附别的物质降低表面自由能的趋势，这是一个自发过程，可以用化学反应式表示为：

$$A + B \longrightarrow A \cdot B$$

式中，A表示活性炭；B表示废水中的有机污染物；$A \cdot B$表示吸附化合物。

　　由于多种化学作用和物理化学作用（如氢键、偶极矩作用和范德华力以及具有更强作用的化学键力），有机污染物被吸附在活性炭表面。当然也发生与吸附作用相对的脱附，即吸附在活性炭表面的有机分子从活性炭表面脱落。吸附与脱附它们同时发生。刚开始时，有机物在废水中的浓度很大，在活性炭表面的浓度很小，因此吸附的速度远远大于脱附的速度。随着有机物在废水中的浓度降低和在活性炭表面浓度的增加，吸附速度不断降低，脱附速度不断增大。当吸附速度和脱附速度相等时，达到吸附平衡状态，即当实验在磁力搅拌60min后，随着时间的增加，有机物在活性炭表面的进一步积累将不再发生，实验数据表现为出水的COD值不再减小，实验不需要再进行下去，废水处理完毕。对于吸附饱和的活性炭，需要单独进行再生实验，使其吸附能力部分或全部恢复，从而降低对环境的污染和减少废水的处理成本。

　　微波单独辐照实验中微波能对溶液只是单纯地进行均匀加热，最高温度大概有100℃左右，达不到降解污染物的条件，因此COD去除效果不明显。

　　活性炭-微波联用技术是通过活性炭吸附和有机污染物高温降解同时发生，两者协同作用使废水得到净化的一种方法。该方法使活性炭对阿莫西林生产废水中有机污染物的吸附和被吸附有机污染物高温催化降解在微波装置内同时发生，而且处理后的活性炭无需再生，从而降低了单位体积内废水的处理成本。在活性炭-微波联用技术中，废水和活性炭一起放入微波中，废水的温度从室温升高到100℃后，随着辐射时间延长，温度不再继续升高，而活性炭的温度在同一时间却从室温升高到1000℃左右，延长辐射时间活性炭将继续升温[112]。也就是说，当微波辐照活性炭和水混合液时，高温活性炭被微波快速加热的同时，也被100℃的水冷却。因此活性炭的局部温度比周围水相的温度高出许多，这势必造成活性炭表面温度分布不均匀，活性炭与周围的水相形成温度梯度。离水相较远的活性炭吸收微波能量后，在其表面可能形成"热点"，产生高温，可能促使·OH的产生，将污染物降解。从这个角度讲，总是希望有更多的能量被活性炭吸收，因此相应地增加活性炭用量，就会有更多的微波能量被活性炭吸收，从而有更快的自由基生成速率和更高污染物降解效率。另外增加微波功率使废水获得更多的微波热量外，活性炭也将吸收更多的微波能量，导致活性炭与水相间更大的温度梯度，这两者均使水温上升加快。温度梯度的存在为活性炭温度瞬间达到高温提供可能，而高温正是产生·OH的必要条件。因此功率升高有利于活性炭吸收更多的能量，从而有利于·OH的形成和污染物质的降解。所以不管是活性炭用量的增加还是微波辐照功率的增加，都有利于废水COD去除率的提高。但是考虑到活性炭用量越多，废水处理成本越高，微波功率越高，能耗越大，因此必须选择合适的活性炭用量和微波功率才能取得更好的经济效益。

微波除了可以在高温下降解废水中污染物，它还可以杀灭水中的细菌、藻类等微生物。其作用原理在于在高速交变的微波电磁场作用下，带电的细菌体（一般带负电）在混乱的、剧烈运动的反应体系内产生高速运动的离子流，从而增加摩擦、碰撞作用，引起细菌、病原体的空间结构改变和温度升高，致使蛋白质变性，使其失去活性。此外，微波还可改变细菌、病原体的生物性排列聚合状态及其运动规律，且微波电磁场感应的离子流，会影响细菌细胞膜附近的电荷分布，导致膜的屏障作用受到损伤，干扰或破坏细胞的正常新陈代谢功能，抑制细菌生长，进而导致死亡。

4.4 微波再生实验

活性炭由于其独特的物理结构和较强的吸附性能，被广泛地应用于水处理、气体净化、防毒面具、环保等领域，尤其是在废水处理中得到了广泛的应用。但是它的高使用成本和废弃吸附饱和炭会造成严重的资源浪费及二次污染，极大地限制了它的应用。如果饱和吸附各种污染物的活性炭经过特殊处理后，能恢复其原来绝大部分的吸附能力，并重新用于废水的吸附过程，不仅能使每吨废水的处理费用降低，而且还能避免废弃的饱和活性炭对环境造成二次污染。因而寻求有效的活性炭再生方法十分必要。

本节针对4.2节中吸附了阿莫西林废水中有机物的饱和的活性炭进行了微波辅助溶剂法再生实验[113]，不仅避免了传统加热再生法再生时间长、加热不均匀的缺点，而且具有设备操作简单、环境污染小、再生后的活性炭吸附性能恢复好等优点。

4.4.1 溶剂的选取

使用有机溶剂对吸附饱和的活性炭进行萃取，使吸附质脱附的方法称为溶剂萃取法。通常使用的有机溶剂有乙醇、丙酮、甲醇和四氢呋喃等。本实验吸附的有机物为阿莫西林分子，该分子的三水合物的熔点为195℃。实验通过比较，选择乙醇作为萃取剂，其原因有以下几点：

（1）从溶剂对阿莫西林废水的溶解情况考虑：阿莫西林生产废水属于有机污染废水，废水中含有少量的阿莫西林分子，该分子可以微溶于甲醇、乙醇等有机溶液；在甲醇中的溶解度为7.5mg/mL，在乙醇中的溶解度为3.4mg/mL。

（2）从溶剂自活性炭上除去的难易程度考虑：常压下甲醇的沸点是64.8℃，乙醇的沸点为78.4℃，均易于挥发，所以不管溶剂是甲醇还是乙醇，只需经过普通的加热，溶剂就可以从活性炭上除去。

（3）从溶剂价格考虑：甲醇可由氢与一氧化碳的混合物在高温高压下通过催化剂合成，也可由低级烷烃氧化制得，目前的价格是3100元/t，乙醇一般用淀粉发酵法或乙烯直接水化法制得，目前的价格是3900元/t，成本略高于甲醇。

（4）从安全考虑：甲醇蒸气能与空气形成爆炸混合物，有毒，可直接侵害人的肢体细胞组织，特别是侵害视觉神经网膜，严重时可致使失明。乙醇蒸气也能与空气形成爆炸性混合物，但是属于微毒。从安全考虑，乙醇明显优于甲醇。

综合考虑，甲醇优于乙醇，但是由于学校实验条件有限，考虑到安全问题，本实验采取乙醇作为萃取溶剂进行活性炭再生，如果有条件的话，可以采用甲醇做溶剂进行再生。

4.4.2　实验方法

参见3.2节。

4.4.2.1　实验流程

实验流程见图3-3。

4.4.2.2　具体操作步骤

（1）新活性炭吸附容量的测定：用活性炭单独吸附法对阿莫西林生产废水进行吸附实验，通过式（4-7）计算活性炭的吸附容量q，同时将吸附饱和的活性炭滤出，烘干备用。

（2）饱和活性炭的处理：将上述活性炭用体积分数为10%的盐酸浸泡24h后，用去离子水冲洗数次，然后在水中加热沸腾0.5h之后，用NaOH溶液调节pH值至中性，于105℃下烘干备用。

（3）再生过程：称取1.0g预处理好的活性炭和50mL乙醇溶液于250mL锥形瓶中，在磁力搅拌作用下吸附30min后放入微波炉内进行加热萃取一定时间。

（4）将再生后的活性炭滤出，进行干燥处理后，用活性炭单独吸附法对阿莫西林生产废水进行吸附实验，通过式（4-7）计算活性炭的吸附容量 q。

（5）通过新活性炭和再生活性炭的吸附容量，计算活性炭的再生率。

4.4.3 再生效果的考查指标

实验通过测定新活性炭和再生后的活性炭对阿莫西林生产废水 COD 的吸附容量计算活性炭的再生率，从而确定微波再生活性炭的再生效果。

4.4.3.1 活性炭吸附容量

通过测定新活性炭和再生活性炭对阿莫西林生产废水处理前后的 COD 值，计算两者分别对该类废水 COD 的吸附容量。吸附容量计算式为：

$$q = \frac{V(C_0 - C_e)}{m} \tag{4-7}$$

式中　q——在平衡浓度为 C_e 时的活性炭的吸附容量，mg/g；

　　　C_0——废水的初始 COD 值，mg/L；

　　　C_e——活性炭吸附平衡时废水的 COD 值，mg/L；

　　　V——活性炭吸附处理的废水体积，L（本实验所取的废水处理体积为 0.05L）；

　　　m——活性炭质量，g。

4.4.3.2 活性炭再生率

通过测定新活性炭和再生活性炭对阿莫西林生产废水 COD 的吸附容量，计算活性炭的再生率。活性炭再生率的计算公式为：

$$\eta = \frac{q}{q_0} \times 100\% \tag{4-8}$$

式中　q_0——新活性炭的吸附容量，mg/g；

　　　q——再生活性炭的吸附容量，mg/g。

4.4.4 实验结果分析

实验通过考查乙醇溶液的体积分数、微波辐照时间、微波辐照功率和物料的固液比四个因素对活性炭再生率的影响，确定了微波再生法对活性炭再生的实验条件，并在此技术上进行了正交实验，从而得出最优方案。

4.4.4.1 乙醇溶液的体积分数对再生率的影响

微波功率 480W，辐照时间 5min，物料固液比 1∶10，在此条件下通过改变再生剂乙醇溶液中无水乙醇的体积分数，考查活性炭的再生率。实验结果如图4-18所示。

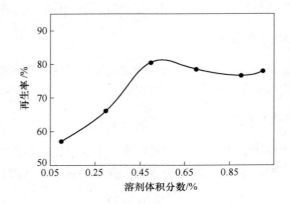

图4-18 乙醇溶液的体积分数对再生率的影响

从图4-18可以看出，当乙醇溶液中无水乙醇的体积分数为50%时，该法再生活性炭的再生率最高，也就是说，在此条件下再生活性炭对阿莫西林生产废水中有机污染物的吸附容量最大。因此实验取体积分数为50%的乙醇溶液作为再生剂。

4.4.4.2 微波辐照时间对再生率的影响

微波功率480W，乙醇溶液体积分数50%，物料固液比1∶10，在此条件下，通过改变微波辐照时间，考查微波辐照时间对活性炭再生率的影响。实验结果如图4-19所示。

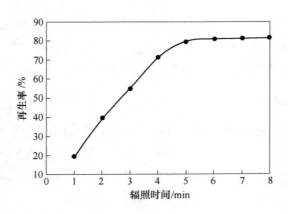

图4-19 微波辐照时间对再生率的影响

从图4-19可知，在微波辐照下，活性炭的再生率随微波辐照时间的延长而增加。这是由于活性炭的吸附反应是放热过程，而吸附的逆过程解吸反应为吸热反应。微波辐照会引起乙醇溶剂和活性炭温度升高，并且随着辐照时间的延长，温度不断升高，活性炭上吸附的有机污染物越来越容易克服分子间的范德华力从活性炭表面脱附下来，从而使活性炭恢复原先大部分吸附能力。当辐照6min时，再生率为64.4%，此后再延长辐照时间，再生率增加幅度减小，当辐照8min时，再生率为64.8%。考虑到辐照时间越长，能耗越大，因此本实验取6min作为微波辐照时间。

4.4.4.3 微波辐照功率对再生率的影响

微波辐照时间6min，乙醇溶液体积分数50%，物料固液比1∶10，在此条件下，通过改变微波辐照功率，考查微波辐照功率对活性炭再生率的影响，结果如图4-20所示。综合考虑，本实验选取微波功率为480W。

由于活性炭是微波吸收体，具有很强吸收微波能的能力，因此微波功率越高，活性炭吸收的微波能越多，向周围环境散失的热量相对于吸收的微波能来讲比例越来越高，所以在短时间内升温越快，有机物的降解和活性炭的解吸速率也越大。但是由于微波功率越高，微波腔内出现的电弧越多，尽管采用乙醇溶剂作为再生剂，活性炭浸没在乙醇溶液中，电弧从数量上比微波干发再生减少，但是随着功率的增加，电弧数量增加，吸附在活性炭表面的有机物降解，同时，活性炭表面出现的局部高温区域增多，使乙醇溶液和活性炭周围产生温度梯度，导致反应器内温度分布越不均匀，引起局部高温氧化严重，活性炭烧损增多，从而使再生率降低。如图4-20所示，不是微波功率越大，再生率越高，而是随着功率的增大，再生率先增大后减小。因此本实验选取再生率最高时的微波功率，

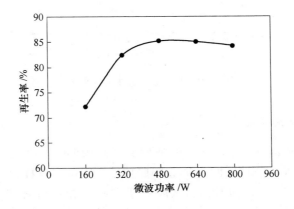

图4-20 微波辐照功率对再生率的影响

即480W。

4.4.4.4 固液物料比对再生率的影响

实验还考查了不同的固液物料比对活性炭再生率的影响，即分别按次序选取固液比为1∶30、1∶40、1∶50、1∶60、1∶70共五组实验，通过测定新活性炭和再生后活性炭对废水COD的吸附能力，计算该法中不同的固液物料比对活性炭再生率的影响。实验结果如图4-21所示。

图4-21表明，随着乙醇溶液体积的增加，活性炭再生率先增加，物料比达到1∶50时再生率最高，当物料比超过1∶50后，随着乙醇溶液体积的增加，再生率反而降低。这是因为物料比的不同除了表示再生能力的大小外，还表示了有机污染物在乙醇溶液中的溶解能力。在溶剂萃取过程中，有机污染物在乙醇溶液中的溶解度有限，不能溶解全部脱附下来的有机物，所以当乙醇溶液体积增加时，被溶解的有机物增加，再生率升高，但是当有机物在乙醇溶液中的溶解度达到一定值时，由于乙醇溶液中的有机物远远高于吸附到活性炭表面的有机物，它们之间存在浓度差，结果使得有机物发生脱附的逆过程，即活性炭对有机物进行再次吸附，从而使活性炭的再生率降低。因此本实验选取的最佳固液物料比为1∶50。

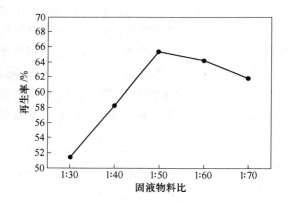

图4-21 固液物料比对活性炭再生率的影响

4.4.4.5 正交实验

通过上述各单因素考查得出，微波辅助溶剂法再生活性炭的单因素结果是：乙醇体积分数50%，辐照时间7min，辐照功率320W，物料比1∶50。在此基础上以乙醇体积分数（%）、物料比、微波功率（W）和辐射时间（min）为因素，按照$L_9(3^4)$四因子三水平正交实验表设计实验，因素水平见表4-9，实验条件和数据见表4-10、表4-11。

表 4-9　活性炭再生率影响因素 $L_9(3^4)$ 正交实验因素水平表

因素 水平	乙醇体积分数/%	微波辐照时间/min	微波辐照功率/W	物料比
1	45	5	320	1:45
2	50	6	480	1:50
3	55	7	640	1:55

表 4-10　活性炭再生率影响因素 $L_9(3^4)$ 正交实验结果

序　号	乙醇体积分数/%	微波辐照时间/min	微波辐照功率/W	物料比	$\eta/\%$
1	45	5	320	1:45	58.3
2	45	6	480	1:50	62.2
3	45	7	640	1:55	53.2
4	50	5	480	1:55	60.4
5	50	6	640	1:45	52.3
6	50	7	320	1:50	55.7
7	55	5	640	1:50	55.9
8	55	6	320	1:55	63.4
9	55	7	480	1:45	47.6

表 4-11　活性炭再生率影响因素 $L_9(3^4)$ 正交实验极差分析表

因素 水平	乙醇体积分数/%		微波辐照时间/min		微波辐照功率/W		固液物料比	
	K_1	$\overline{K}_1$	K_2	$\overline{K}_2$	K_3	$\overline{K}_3$	K_4	$\overline{K}_4$
1	173.71	57.90	174.56	58.19	177.31	59.10	158.14	52.71
2	168.31	56.10	177.85	59.28	170.21	56.74	164.75	54.92
3	166.86	55.62	156.47	52.16	161.36	53.79	177.00	59.00
R	2.28		7.12		5.31		6.29	

　　通过极差分析得出：活性炭再生实验中各因素对活性炭再生率的影响从大到小的次序为：微波辐照功率、固液物料比、微波辐照时间、乙醇体积分数。实验的最优方案为：乙醇体积分数 45%、辐射 6min、微波辐照功率 320W、物料比 1:55。

4.4.5 活性炭再生次数对再生率的影响

活性炭的再生次数是衡量活性炭使用寿命的标志，确定实验最优方案后，在最优方案的实验条件下，考查活性炭再生次数对再生率的影响，再生结果如图 4-22 和图 4-23 所示。

图 4-22 表明一次再生效率和二次再生效率差不多，这可能是因为活性炭在微波腔内加热再生过程中，高温使活性炭微孔烧失变大成中孔，而阿莫西林分子较大，更容易在中孔中被吸附。在第三次再生时，活性炭的再生效率开始明显下降，这是由于进一步的再生使活性炭烧失加剧，孔径进一步增大，活性炭的比表面减小，从而使活性炭吸附能力下降。从图 4-22 中可以看出，活性炭 4 次再生后再生率仍达 50% 以上。

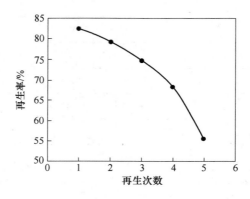

图 4-22 活性炭再生次数对再生率的影响

图 4-23 表明活性炭的再生损失率随着活性炭再生次数的增加而急剧上升。这是因为随着再生次数的增加，活性炭的烧失越来越严重，同时活性炭的强度下

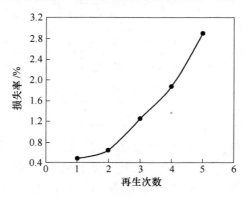

图 4-23 活性炭再生次数对损失率的影响

降，更容易受到破坏。若采用连续在线再生，则可避免装卸过程中对活性炭的破坏，从而减少活性炭的损耗。

4.5 本章小结

（1）活性炭单独吸附实验中，考查了阿莫西林生产废水进水浓度与 pH 值、活性炭的类型、吸附时间、用量五个因素对废水 COD 去除率的影响，并在正交实验中通过比较极差 R 可知，对阿莫西林生产废水的处理效果影响因素大小顺序为：活性炭类型 > 吸附时间 > 活性炭用量 > 废水进水浓度。正交实验的最佳工艺条件为煤质 $250\mu m$ 的活性炭用量 6g，进水 pH 值为 6，稀释 20 倍的条件下吸附 60min。经过处理后的出水 COD 值为 62.1mg/L（< 100mg/L），达国家城镇污水二级排放标准，COD 去除率为 95.6%。

（2）对于不添加活性炭的微波法，由于有机溶液单独接受微波辐照时，微波能达不到破坏 C—C、C—H 等化学键所需的能量，因此用微波能单独对废水进行辐照时只是对溶液进行均匀加热，最高温度只有 100℃ 左右，很难形成降解污染物的条件，COD 去除效果不明显。

（3）活性炭-微波联用处理实验中，考查了进水浓度、pH 值、微波辐照功率、微波辐照时间、活性炭用量对阿莫西林生产废水 COD 去除率的影响，并按照 L_{16}（4^4）四因子四水平对该方法进行了正交实验，通过比较极差得出各因素对处理效果的影响大小顺序为：辐照时间 > 活性炭用量 > 辐照功率 > 废水进水浓度。经过处理后的出水 COD 值为 48.28mg/L（< 50mg/L），达国家城镇污水一级 A 类排放标准，COD 去除率为 96.4%。

（4）活性炭单独吸附时的 Freundlich 吸附等温线斜率 $1/n$ 为 4.031，在处理低浓度废水时活性炭与废水中有机物的吸附能力很弱，不利于吸附，但是可用于较高浓度废水有机物的吸附。而活性炭-微波联用技术的 Freundlich 吸附等温线斜率 $1/n$ 为 0.896（<1），在所有范围内都便于吸附，说明微波加热促进了活性炭对废水中有机物的吸附。

（5）从处理效果上比较了两种方法，得出在处理时间和 COD 去除率上，活性炭-微波联用技术对阿莫西林废水的处理明显优于单独活性炭吸附法。

（6）通过单因素考查得出，微波辅助溶剂法再生活性炭的单因素结果是：乙醇体积分数 50%，辐照时间 7min，辐照功率 320W，物料比 1:50。

（7）在确定（6）的前提下进行正交实验，通过极差分析得出，活性炭再生实验中各因素对活性炭再生率的影响从大到小的次序为：微波辐照功率、固液物料比、微波辐照时间、乙醇体积分数。实验的最优方案为：乙醇体积分数 45%，辐射时间 6min，辐照功率 320W，固液物料比 1:55。

（8）微波辅助溶剂法再生活性炭过程中，由于高温使活性炭微孔烧失变成中孔，而阿莫西林分子较大，更容易在中孔中被吸附，因此一次再生效率和二次再生效率差不多。但是在第三次再生时，由于进一步的再生使活性炭烧失加剧，孔径进一步增大，活性炭的比表面减小，活性炭吸附能力下降，从而使活性炭的再生效率开始明显下降。另外活性炭的再生损失率随着活性炭再生次数的增加而急剧上升。

5

酒精废水处理

在微波解吸再生实验开始前，测定淡酒液中低浓度乙醇在颗粒活性炭（GAC）上的吸附平衡等温线，用于评价吸附容量，同时确定制备载乙醇饱和 GAC 的方法。该方法可简述为：定量的 GAC 在不同浓度的乙醇水溶液中吸附饱和，根据溶液的初始浓度和吸附饱和后平衡溶液的浓度及 GAC 的增重量计算 GAC 对乙醇的饱和吸附量，绘制吸附平衡等温线，滤出的饱和载乙醇 GAC 留待解吸。研究中所用 GAC 为煤质 GAC，经第 3 章所述方法处理后放入干燥器中备用。

5.1 活性炭对水中低浓度乙醇的吸附等温线

5.1.1 饱和乙醇活性炭的制备

为制备对水中低浓度乙醇吸附饱和的载乙醇 GAC，需要确定的工艺条件有吸附温度、吸附时间及乙醇水溶液量与 GAC 量的配比。吸附温度是吸附平衡状态的影响因素，对于同一体系，不同温度下 GAC 的吸附容量不同。液、固两相要达到吸附平衡，必须经过充分接触，即需要一定的吸附时间。另外，为使 GAC 达到吸附饱和，乙醇水溶液量与 GAC 量的配比需要达到一定值。当乙醇水溶液加入量过少时，液固两相即使经过充分接触，GAC 也不能达到吸附饱和，因为当再加入乙醇水溶液时，GAC 还可以吸附更多的乙醇。为制备吸附饱和的载乙醇 GAC，必须确定吸附温度、吸附时间及乙醇水溶液量与 GAC 量的配比，以下分别在相关实验的基础上做出讨论。

5.1.1.1 吸附温度的确定

根据吸附理论，吸附过程是放热过程，温度低有利于吸附的进行。GAC 对乙醇的吸附是物理吸附，吸附容量随着温度的上升而降低，因此必须对温度进行控制，吸附操作时宜在常温进行。本实验选择在常温下吸附，既可减少能耗，又能达到良好的吸附效果。

5.1.1.2 吸附平衡时间的确定

将 500mL 质量分数为 4.0% 的乙醇水溶液与 15.000g GAC 置于 500mL 锥形瓶

中混合，制备 6 份，在室温下分别以磁力搅拌 0.5h、1h、1.5h、2h、2.5h、3h（将 78-1 磁力加热搅拌器挡位旋钮调到最高）后将 GAC 滤出。用滴定法测定经 GAC 吸附后平衡溶液的浓度。实验结果表明，磁力搅拌 2h 后，乙醇水溶液平衡浓度基本不变，即对于 4.0% 的乙醇水溶液来讲，GAC 吸附 2h 后可以达到吸附平衡。本实验也对质量分数为 30.0% 和 60.0% 的乙醇水溶液做了同样的实验，结果表明在这两种浓度下达到吸附平衡所需的时间相差不大，GAC 吸附 2h 也可以达到吸附平衡。因此为制备吸附饱和的载乙醇 GAC，本实验确定的吸附时间均为 2h（78-1 磁力加热搅拌器均使用最高挡）。

5.1.1.3 乙醇水溶液量与活性炭量配比的确定

称取 5.000g GAC 置于 300mL 锥形瓶中，制备 6 份，分别加入 75mL（15mL：1g）、100mL（20mL：1g）、125mL（25mL：1g）、150mL（30mL：1g）、175mL（35mL：1g）、200mL（40mL：1g）乙醇质量分数 3.7% 的水溶液，并以磁力搅拌 2h。用真空泵抽滤 5min 后将滤出的 GAC 在电子天平上称重，记下增重量，用滴定法测定吸附后乙醇水溶液的平衡浓度。根据 GAC 增重量及乙醇水溶液吸附前后浓度差计算 GAC 对乙醇的吸附量，如图 5-1 所示。

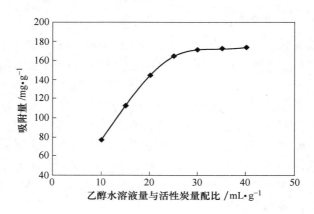

图 5-1 不同乙醇水溶液量与活性炭量配比下 GAC 的吸附量

图 5-1 表明，当乙醇质量分数为 3.7% 的水溶液与 GAC 以 30mL：1g 的配比混合，吸附 2h 后 GAC 已基本达到吸附饱和，因为当加入更多量乙醇水溶液时，不能使 GAC 对乙醇的吸附量增大。对乙醇质量分数为 30.0%、60.0% 及 75.0% 的水溶液做同样的实验，结果表明在这三种浓度下，乙醇水溶液与 GAC 以 30mL：1g 的配比混合吸附 2h 后 GAC 也可以达到吸附饱和。以下实验中供微波解吸而制备的载乙醇饱和活性炭及所绘制的吸附平衡等温线，均是将乙醇水溶液与 GAC 以此配比混合吸附 2h 得到。

5.1.2　不同活性炭对水中低浓度乙醇的吸附等温线

吸附采用间歇动力学装置[114]。用电子天平（精度 0.0001g）准确称取一定量 GAC，并按 30mL∶1g 的配比用量筒量取一定浓度的乙醇水溶液。将 GAC 直接放入装有乙醇水溶液的锥形瓶中，并以磁力搅拌 2h。用真空泵抽滤 5min，将滤出的饱和活性炭在电子天平上称重，记下增重量，并留待解吸。用滴定法测定吸附前后乙醇水溶液的浓度。

吸附平衡数据的测定采用重量法及乙醇浓度滴定法。根据 GAC 增重量及乙醇水溶液吸附前后浓度差计算 GAC 对乙醇的饱和吸附量，由此绘出 GAC 对水中低浓度乙醇的吸附等温线。本实验选取了由上海国药集团化学试剂有限公司和重庆川江化学试剂厂生产的两种颗粒活性炭，绘出了它们对水中低浓度乙醇（质量分数在 10% 以下）的吸附等温线，如图 5-2 所示。

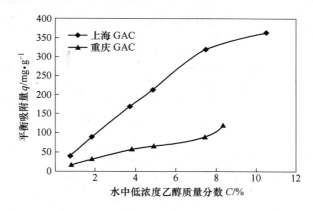

图 5-2　上海 GAC 与重庆 GAC 对水中低浓度乙醇的吸附等温线

图 5-2 中 q 值反映了上海 GAC 与重庆 GAC 对水中低浓度乙醇吸附容量的大小。由此可见，上海国药集团化学试剂有限公司生产的 GAC 对水中低浓度乙醇具有更好的吸附性能。以后 GAC 床层在微波场中的升温实验及载乙醇 GAC 的微波解吸实验均选用上海国药集团化学试剂有限公司生产的煤质颗粒活性炭。

5.1.3　活性炭对水中低浓度乙醇的吸附等温线模型

不论吸附剂的性质如何，在一定温度下，液、固两相经过充分接触后，终将达到吸附平衡。平衡吸附量表示吸附剂对吸附质的极限吸附量，也称静吸附量或静活性，用 q 表示。常用的表示吸附平衡的表达式有 Langmuir 等温式、Freundlich 等温式等。

（1）Langmuir 等温式。

$$q = \frac{kBC}{1 + BC} \tag{5-1}$$

式中，k 和 B 为常数，C 为质量分数（%）。

（2）Freundlich 等温式。

$$q = kC^{1/n} \tag{5-2}$$

式中　q——吸附剂的平衡吸附量，mg/g；

　　　C——质量分数，%；

　　　k，n——常数。

将式（5-2）两边取对数，得：

$$\ln q = \frac{1}{n}\ln C + \ln k \tag{5-3}$$

对水中低浓度乙醇在上海 GAC 与重庆 GAC 上的吸附等温线根据 Freundlich 吸附等温模型进行拟合，根据实验数据以 $\ln q$ 为纵坐标、$\ln C$ 为横坐标绘图，结果如图 5-3 所示。

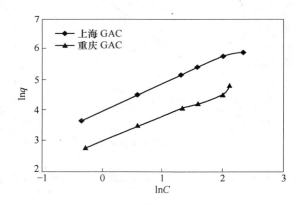

图 5-3　上海 GAC 与重庆 GAC 对水中低浓度乙醇的吸附等温线

模型参数通过最小二乘法对实验数据进行非线性回归得到。为衡量实验数据点与模型的拟合度，可通过下式计算得 R^2 值来判断[115]：

$$R^2 = \frac{\sum q_i^2 - \sum(q_i - \hat{q}_i)^2}{\sum q_i^2} \tag{5-4}$$

算得上海 GAC Freundlich 等温模型参数值 $k = 53.2767$，$\frac{1}{n} = 0.8592$，Freundlich 等温式的拟合方程为：

$$q = 53.2767C^{0.8592} \tag{5-5}$$

相关系数为：

$$R^2 = 0.9940 \tag{5-6}$$

重庆 GAC Freundlich 等温模型参数值 $k = 19.5672$，$\dfrac{1}{n} = 0.7995$，Freundlich 等温式的拟合方程式为：

$$q = 19.5672C^{0.7995} \tag{5-7}$$

相关系数为：

$$R^2 = 0.9913 \tag{5-8}$$

Freundlich 等温线描述具有非均匀表面的吸附剂的吸附。此类吸附剂上面的吸附位有不同的吸附能量，这些吸附位不是总能被吸附质所利用的[116]。在 Freundlich 方程式（5-2）中，$k(L/g)$ 和 $1/n$（无量纲）是分别代表吸附能力和亲和力的系数。Langmuir 模型不能很好地拟合实验数据，因为 GAC 上的吸附位是不均匀的，可能会发生多层吸附，而 Langmuir 模型假定吸附质是单层覆盖在吸附剂表面上的。

5.2　载乙醇活性炭在氮气氛围中微波解吸

本节设计了一小试实验装置来考查微波对饱和载乙醇 GAC 的解吸作用，主要考查两个方面：吸附在 GAC 上的乙醇的解吸和微波对 GAC 的再生。我们期望在微波辐照条件下，这两个过程可同时实现。

选用 GAC 作为吸附剂，是由于其对水中的有机物具有很强的吸附能力，且具有吸收微波能力强、在微波场中迅速升温的特点[117]。Tai 和 Jou 曾采用 GAC 吸附-微波辐照工艺处理水中的苯酚[118]，追踪了微波辐照过程中 GAC 上苯酚浓度的变化，但没有考查 GAC 的再生，也没有阐明所使用的反应器形式是开放的还是封闭的。如果是开放的形式，应该收集产生的气体和液体产物；如果是封闭的，在微波辐照条件下，内部压力急剧增加，可能会发生爆炸，是非常危险的。

对于吸附饱和的吸附剂来说，加热再生时一般都在加热的同时通入某种载气以便将解吸出的吸附质带出。通常用作载气的气体有惰性气体、水蒸气、CO_2、N_2 等，微波辐照解吸再生载乙醇 GAC 时应该考虑载气选择问题。

5.2.1　载气的选择

水蒸气作载气时，必须增加水蒸气发生装置以使水汽化，这将造成设备复杂、能耗大等问题；而且以水蒸气作载气会稀释微波解吸过程中的出口乙醇浓度，这无疑对分离是不利的。

选用 CO_2 作载气时，很可能活性炭中的 C 在高温下会被 CO_2 氧化成 CO，不仅增大了活性炭损耗，而且会导致出口气体成分复杂。

如用空气做载气，由于活性炭在微波辐照下升温很快，空气中的 O_2 可能会在高温下氧化活性炭中的 C，发生以下反应：

$$2C + O_2 \rightleftharpoons 2CO$$

$$C + O_2 \rightleftharpoons CO_2$$

为避免增加额外的能耗与附加的设备，必须选用一种具有化学惰性、成本相对低廉的气体作载气。经过比较和初步实验确定用氮气（工业级）作载气。氮气不与 C 反应，且价格相对低廉，对于微波解吸载乙醇 GAC 这样的操作无疑是比较好的选择。

5.2.2 载乙醇活性炭在氮气氛围中微波解吸工艺

5.2.2.1 工艺流程图

载乙醇 GAC 在氮气氛围中微波解吸的工艺流程如图 3-2 所示。

5.2.2.2 实验装置主要组成部分

实验装置主要由以下四部分组成。

（1）载气流速控制系统：这部分的作用是保证使氮气在钢瓶本身的压力下进入反应器，并通过减压阀与转子流量计调节控制氮气的压力、流量。

（2）微波解吸系统：在微波炉顶部中央部位开一相当于石英玻璃反应器直径大小的圆孔，将反应器插入圆孔并固定。反应器底部支管接氮气管，顶部支管接冷凝器。

（3）温度测量系统（见图 3-1）：选用 WRNK-101 型铠装热电偶及 101 型 XMZ 数显温度指示仪测温。热电偶探头从反应器顶部橡胶塞的小孔插入载乙醇 GAC 床层中央位置。

（4）冷凝系统：本实验解吸气体的冷凝回收采用冷凝法。冷凝器为三支串联的蛇形冷凝管，通冷凝水，依次排列并向下倾斜，后接馏出液收集瓶。

5.2.2.3 流程说明

微波炉顶部中央部位开一相当于反应器直径尺寸（30mm i.d.）的圆孔（见图 3-1 和图 3-2），石英玻璃反应器（30mm i.d.）通过此孔插入微波炉腔。在石英反应器内距下端 6cm 左右安装一块石英玻璃材料的打孔筛板（筛板 30mm i.d.，筛孔 1.5mm i.d.），并在筛板上均匀地铺一层玻璃棉，用于承托载乙醇 GAC。反应器底部接氮气管，氮气流经筛板下的缓冲区后均匀分布于整个 GAC 床层。热电偶探头插入到载乙醇 GAC 床层接近中心的位置。反应器的顶部支管与冷凝系统连接，用收集瓶收集馏出液。

5.2.2.4　流程操作步骤

（1）为冷凝管通冷凝水。

（2）打开氮气钢瓶的总阀与减压阀，通过转子流量计控制氮气流量。待流量稳定后，调节微波功率，接通微波炉电源并开始计时，热电偶测温系统记录载乙醇 GAC 床层温度。

（3）微波辐照至设定时间时，切断微波炉电源，关闭氮气，关闭冷凝水。

（4）收集馏出液。用重量法鉴定解吸率及再生后 GAC 的质量损耗率，用气相色谱法测定馏出液中乙醇浓度。

5.2.3　实验结果分析

对解吸再生工艺有决定作用的设备，其性能的评价尤为重要。一种解吸再生设备的优劣主要通过以下方面来评价：吸附容量恢复率、能量消耗、炭损耗率、再生温度、加热时间、对人体和环境的影响、设备及基建投资、操作管理和检修的简繁程度。

在载乙醇 GAC 的微波解吸过程中，主要关心的指标有微波解吸的分离效果、解吸率、再生炭的吸附容量及质量损耗率。这几个指标是衡量解吸再生方法的重要标准。而在解吸再生过程中对这几项指标产生显著影响的因素，根据初步实验确定有微波功率、辐照时间、活性炭量、载气流量及饱和炭的平衡吸附量。对微波解吸再生工艺的优化工作主要就是探讨以上各因素对各指标的影响。本节研究拟通过单因素实验及正交实验研究各因素对各指标的影响，然后再据此对整个解吸再生工艺条件进行综合优化。

5.2.3.1　单因素对解吸率、再生炭亚甲蓝吸附值及质量损耗率的影响

活性炭的亚甲蓝吸附值是衡量其吸附性能的基本参数，按 GB/T 7702.6—2008 测定，新炭的亚甲蓝吸附值为 146.26mg/g。用重量法鉴定解吸率及再生后 GAC 的质量损耗率。通过单因素实验，考查在微波辐照条件下，微波功率、辐照时间、氮气流量及活性炭量四因素对载乙醇 GAC 解吸率、再生炭亚甲蓝吸附值及质量损耗率的影响。

A　微波功率对解吸率、再生炭亚甲蓝吸附值及质量损耗率的影响

5.000g GAC 在质量分数为 4.0% 的乙醇水溶液中吸附饱和后置于微波解吸系统中在氮气氛围中解吸，氮气流量 0.08m³/h，辐照时间 120s。不同微波功率下的解吸率、再生炭亚甲蓝吸附值及质量损耗率如图 5-4、图 5-5 所示。

微波功率越高，单位质量载乙醇 GAC 吸收的微波能越多，且向周围环境散

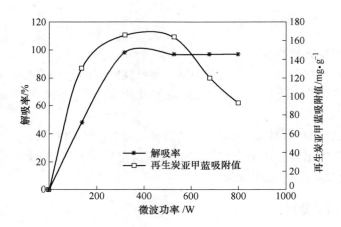

图 5-4 微波功率对解吸率和再生炭亚甲蓝吸附值的影响

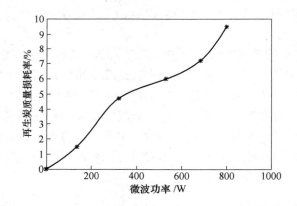

图 5-5 微波功率对再生炭质量损耗率的影响

失的热量相对于吸收的微波能量来讲比例越小,所以升温越快,解吸速率也越大。当微波功率为 320W 时,解吸率为 98.0%,而当微波功率为 136W 时,解吸率仅为 48.0%。当微波功率在 136~680W 时,再生炭亚甲蓝吸附值仍保持在较高水平(接近或高于新炭)。而当微波功率为 800W 时,再生炭烧损严重,其亚甲蓝吸附值远低于新炭,仅为 93.32mg/g。

再生炭的质量损耗随微波功率的增高而增多。微波功率越高,升温越快,反应器中因氮气分布不均而引起的局部高温氧化越严重,烧损越多,再生炭质量损耗率越高。当微波功率为 136W 时,再生炭质量损耗率为 1.5%,而当微波功率为 800W 时,再生炭质量损耗率为 9.5%。

微波功率对解吸率、再生炭亚甲蓝吸附值及质量损耗率的影响规律可概括为：微波功率越高，解吸越快，但再生炭的质量损耗率也将增加。GAC 经微波辐照再生后亚甲蓝吸附值均高于或接近新炭，但在 800W 微波功率下辐照 GAC 容易烧损，导致再生炭的亚甲蓝吸附值远低于新炭。综合考虑微波功率对各指标的影响，确定微波功率的适宜范围在 136～680W。

B 辐照时间对解吸率、再生炭亚甲蓝吸附值及质量损耗率的影响

5.000g GAC 在质量分数为 4.0% 的乙醇水溶液中吸附饱和后置于微波解吸系统中在氮气氛围中解吸，微波功率 320W，氮气流量 0.08m³/h。不同辐照时间下的解吸率、再生炭亚甲蓝吸附值及质量损耗率如图 5-6、图 5-7 所示。

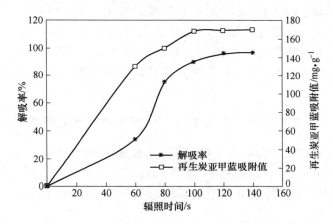

图 5-6 辐照时间对解吸率和再生炭亚甲蓝吸附值的影响

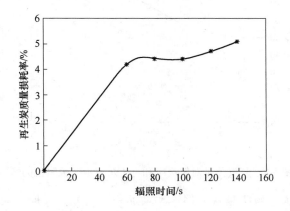

图 5-7 辐照时间对再生炭质量损耗率的影响

微波辐照 60s 时的解吸率为 34.3%，在 60～100s 之间随辐照时间的延长解

吸率迅速增加，当辐照时间为 100s 时，解吸率已达 90.2%。

当微波辐照时间为 60s 时，再生炭亚甲蓝吸附值低于新炭，但 60s 后随着辐照时间的延长，GAC 经微波辐照再生后被进一步活化，再生炭亚甲蓝吸附值迅速增加，并超过新炭。当辐照时间为 140s 时，再生炭的亚甲蓝吸附值达 169.75mg/g，已远远超过新炭。

辐照时间越长，温度越高，反应器中因氮气分布不均而引起的局部高温氧化越严重，烧损越多，再生炭质量损耗率越高。

辐照时间对解吸率、再生炭亚甲蓝吸附值及质量损耗率的影响规律可概括为：辐照时间越长，解吸率越高，但再生炭的质量损耗率也随之增加。载乙醇 GAC 经短时间微波再生后 GAC 的亚甲蓝吸附值比新炭有所降低，但幅度不大，而后再生炭的亚甲蓝吸附值随时间的延长而迅速增大。综合考虑活性炭温度、活性炭量及再生炭吸附容量等因素，多次实验表明，当微波功率不低于 320W 时，120s 左右就可将载乙醇 GAC 解吸完全，且再生炭亚甲蓝吸附值保持较高水平。

C　氮气流量对解吸率、再生炭亚甲蓝吸附值及质量损耗率的影响

5.000g GAC 在质量分数为 4.0% 的乙醇水溶液中吸附饱和后置于微波解吸系统中在氮气氛围中解吸，微波功率 320W，辐照时间 100s，不同氮气流量下的解吸率、再生炭亚甲蓝吸附值及质量损耗率如图 5-8、图 5-9 所示。

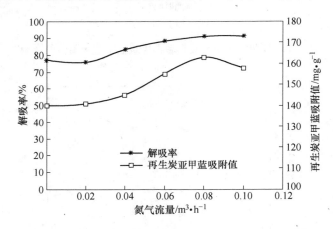

图 5-8　氮气流量对解吸率和再生炭亚甲蓝吸附值的影响

氮气流量越大，解吸越快，但速率增加并不明显。其原因是：一方面，氮气流量越大，微波解吸过程中乙醇气相分压越低，加快了解吸速率；另一方面，氮气流量越大，从反应器中带走的热量也越多，使载乙醇 GAC 床层的升温受到影响，不利于能量的充分利用，影响了解吸速率。

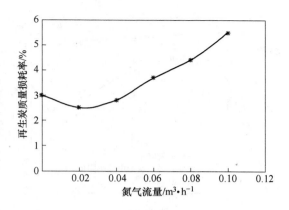

图 5-9　氮气流量对再生炭质量损耗率的影响

氮气流量越大，系统中空气量越少，载乙醇 GAC 中的 C 在升温过程中越不容易被空气中的氧气氧化，再生炭的亚甲蓝吸附值也相应增大。当氮气流量为 $0.02m^3/h$ 时，再生炭的亚甲蓝吸附值为 141.06mg/g；当氮气流量为 $0.08m^3/h$ 时，再生炭的亚甲蓝吸附值为 163.52mg/g。

氮气流量对解吸率、再生炭亚甲蓝吸附值及质量损耗率的影响规律可概括为：加大氮气流量，再生炭亚甲蓝吸附值也相应增大，但解吸速率的增加并不明显。加大氮气流量增加了能耗，且氮气流量过大时，在解吸过程中易将 GAC 吹出反应器，导致再生炭的质量损耗增多。因此对氮气流量的选择应综合考虑，实验研究表明，选择氮气流量 $0.06m^3/h$ 是合理的。

D　活性炭量对解吸率、再生炭亚甲蓝吸附值及质量损耗率的影响

微波功率 320W、辐照时间 100s、氮气流量 $0.06m^3/h$、不同质量的 GAC 在质量分数为 4.0% 的乙醇水溶液中吸附饱和后置于微波解吸系统中在氮气氛围中解吸。不同活性炭量下的解吸率、再生炭亚甲蓝吸附值及质量损耗率如图 5-10、图 5-11 所示。

在开始阶段，GAC 用量越多，解吸越快，但当 GAC 用量超过一定量时，解吸速率反而下降。这个结果与微波场中 GAC 床层的升温实验所得到的结论相一致，即 GAC 或载乙醇 GAC 达到一定的装载负荷后才能有效地吸收微波能。

活性炭量对再生炭的亚甲蓝吸附值影响不明显。活性炭量为 5.000g 时，再生炭亚甲蓝吸附值为 155.16mg/g；活性炭量为 15.000g 时，再生炭亚甲蓝吸附值为 147.02mg/g。

活性炭量对再生炭质量损耗率影响的普遍规律是：活性炭量越大，再生炭质量损耗率越低。当活性炭量为 5.000g 时，再生炭质量损耗率为 3.8%；当活性炭

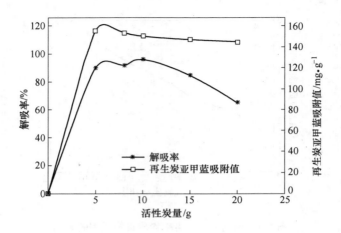

图 5-10 活性炭量对解吸率和再生炭亚甲蓝吸附值的影响

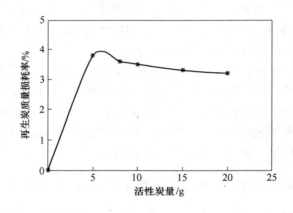

图 5-11 活性炭量对再生炭质量损耗率的影响

量为 20.000g 时，再生炭的质量损耗率为 3.2%。

活性炭量对解吸率、再生炭亚甲蓝吸附值及质量损耗率的影响规律可概括为：活性炭量对再生炭的亚甲蓝吸附值影响不明显；活性炭量越大，再生炭质量损耗率越低。从吸收微波能量和维持高温两个方面来看，GAC 用量存在一最佳值。从吸收微波能量、再生炭亚甲蓝吸附值及质量损耗率三方面考虑，活性炭量以 10g 为最佳。

5.2.3.2 载乙醇 GAC 在氮气氛围中微波解吸的正交实验

活性炭吸附法的经济性主要取决于解吸再生方式，因此在任何一种解吸再生技术中，再生炭的吸附容量恢复率都是被密切关注的。再生炭的吸附容量恢复率是衡量再生技术经济性的重要标志，同时也是再生技术优劣的重要体现。由于亚甲蓝吸附值是衡量活性炭吸附性能的基本参数，因此选择再生炭的亚甲蓝吸附值为实验指标。用 GAC 对质量分数为 4.0% 的乙醇水溶液中的乙醇进行吸附，饱和后在氮气氛围中微波辐照解吸。以微波功率（W）、活性炭量（g）、辐照时间（s）、氮气流量（m^3/h）为实验因素，以再生炭的亚甲蓝吸附值为实验指标，列出 $L_9(3^4)$ 正交表进行实验，因素水平安排见表 5-1。

表 5-1　正交实验的因素与水平

水平 ＼ 因素	微波功率/W	活性炭量/g	辐照时间/s	氮气流量/$m^3 \cdot h^{-1}$
1	136	5.000	100	0.02
2	320	10.000	120	0.06
3	680	15.000	140	0.10

按正交表进行实验，并对正交实验进行直观分析，结果见表 5-2 和表 5-3。

表 5-2　正交实验结果

序　号	微波功率/W	活性炭量/g	辐照时间/s	氮气流量/$m^3 \cdot h^{-1}$	再生炭亚甲蓝吸附值/$mg \cdot g^{-1}$
1	136	5.000	100	0.02	131.16
2	136	10.000	120	0.06	135.38
3	136	15.000	140	0.10	141.35
4	320	5.000	120	0.10	168.85
5	320	10.000	140	0.02	149.82
6	320	15.000	100	0.06	147.32
7	680	5.000	140	0.06	121.76
8	680	10.000	100	0.10	126.25
9	680	15.000	120	0.02	112.51

表 5-3　$L_9(3^4)$ 正交实验的直观分析

水平 ＼ 因素	微波功率/W		活性炭量/g		辐照时间/s		氮气流量/$m^3 \cdot h^{-1}$	
	K_1	$\overline{K}_1$	K_2	$\overline{K}_2$	K_3	$\overline{K}_3$	K_4	$\overline{K}_4$
1	407.89	135.96	421.77	140.59	404.73	134.91	393.49	131.16
2	465.99	155.33	411.45	137.15	416.74	138.91	404.46	134.82
3	360.52	120.17	401.18	133.73	412.93	137.64	436.45	145.48
R	35.16		6.86		4.00		14.32	

比较极差 R 可知，对再生炭吸附容量影响最大的是微波功率，其次是氮气流量和活性炭量，最后是辐照时间。如果只以再生炭亚甲蓝吸附值为衡量指标的话，正交实验确定的最佳工艺条件为微波功率320W、活性炭量5.000g、氮气流量0.10m³/h、辐照时间120s。在此工艺条件下载乙醇GAC解吸率为98.9%，再生炭的亚甲蓝吸附值为168.85mg/g，质量损耗率为5.1%。

5.2.3.3   重现性实验

在上述正交实验确定的最佳工艺条件下进行重现性验证实验。用GAC对质量分数为4.0%的乙醇水溶液中的乙醇进行吸附，饱和后在氮气氛围中微波辐照解吸。在只以再生炭亚甲蓝吸附值为衡量指标的最佳工艺条件下，即微波功率320W、活性炭量5.000g、氮气流量0.10m³/h、辐照时间120s，进行重复实验，对载乙醇GAC的解吸率、再生炭亚甲蓝吸附值及质量损耗率进行分析，实验结果见表5-4。

表5-4   重现性实验结果

序　号	再生炭亚甲蓝吸附值/mg·g⁻¹	解吸率/%	再生炭质量损耗率/%
1	167.02	98.8	4.8
2	168.43	99.0	5.2
3	171.18	98.9	5.3

从表5-4可以看出，载乙醇GAC在氮气氛围中的微波解吸实验中，在只以再生炭亚甲蓝吸附值为衡量指标的最佳工艺条件下，重现性实验的结果较好。

5.2.3.4   载乙醇GAC在氮气氛围中微波解吸的乙醇出口浓度曲线

出口浓度曲线是衡量微波选择性及微波解吸分离效果的直观体现，但是要准确测定载乙醇GAC微波解吸过程中某一时刻乙醇的出口浓度是非常困难的。本实验采取近似方法测定不同微波功率下的乙醇出口浓度曲线。

A   本实验中乙醇出口浓度的测定方法

本实验采用近似方法来测定乙醇出口浓度，基本思路是将某一时段内乙醇出口的平均浓度近似认为是这一时段中点时刻的乙醇出口浓度，具体方法如下：

将某一时段内乙醇出口的平均浓度（$\bar{x}_{tn}$）近似认为是这一时段中点时刻的乙醇出口浓度（x_t）。5~15s为考查的第1时段，将这一时段内乙醇出口的平均浓度（$\bar{x}_{t1}$）认为是第10s的乙醇出口浓度（x_{10}）。15~25s为考查的第2时段，将这一时段内乙醇出口的平均浓度（$\bar{x}_{t2}$）认为是第20s的乙醇出口浓度（x_{20}），依此类推。

载乙醇 GAC 微波解吸的气体中含有乙醇和水两种组分，对于其中的组分乙醇来讲，前 n 个时段解吸的乙醇质量等于前 $n-1$ 个时段解吸的乙醇质量与第 n 个时段解吸的乙醇质量之和，即下列质量守恒方程成立：

$$m_0 q_n \bar{x}_n = m_0 q_{n-1} \bar{x}_{n-1} + m_0 (q_n - q_{n-1}) \bar{x}_{tn} \tag{5-9}$$

整理得到：

$$x_{\bar{t}} \approx \bar{x}_{tn} = \frac{q_n \bar{x}_n - q_{n-1} \bar{x}_{n-1}}{q_n - q_{n-1}} \tag{5-10}$$

式中　m_0——饱和 GAC 吸附的吸附质的总质量；

　　　q_n——前 n 个时段的解吸率；

　　q_{n-1}——前 $n-1$ 个时段的解吸率；

　　　$\bar{x}_n$——前 n 个时段解吸乙醇的平均质量分数；

　　$\bar{x}_{n-1}$——前 $n-1$ 个时段解吸乙醇的平均质量分数；

　　　$\bar{x}_{tn}$——第 n 个时段解吸乙醇的平均质量分数；

　　　$\bar{t}$——第 n 个时段的中点时刻；

　　　$x_{\bar{t}}$——$\bar{t}$ 时刻解吸乙醇的质量分数。

例如，将 35~45s（第 4 时段）内解吸乙醇的平均质量分数 $\bar{x}_{t4}$ 认为是第 40s 乙醇的出口浓度 x_{40s}；q_4 为前 4 个时段即前 45s 内的解吸率；q_3 为前 3 个时段即前 35s 内的解吸率；$\bar{x}_4$ 为前 4 个时段即前 45s 内解吸乙醇的平均质量分数；$\bar{x}_3$ 为前 3 个时段即前 35s 内解吸乙醇的平均质量分数。

$\bar{x}_n$、$\bar{x}_{n-1}$ 通过气相色谱法测定馏出液中乙醇的质量分数来确定；q_n、q_{n-1} 通过重量法鉴定。

B　乙醇出口浓度随时间的变化曲线

10.000g GAC 在质量分数为 4.0% 的乙醇水溶液中吸附饱和后在氮气氛围中微波解吸（氮气流量 0.06m³/h）。对不同微波功率下的解吸气体的馏出液从 0~140s 连续取样，乙醇出口浓度（均为质量分数）随时间的变化曲线如图 5-12 所示。

随微波功率的增高，乙醇出口浓度的峰形越尖锐，峰值越高，且越早出现。因此，增高微波功率有利于分罐收集得到高浓度的乙醇。究其原因，可能是：当在较高微波功率下操作时，解吸过程速度快、时间短，乙醇-水-GAC 体系的内部传热过程相对于微波的选择性加热过程可以忽略。随着微波功率的降低，解吸过程变慢，乙醇-水-GAC 体系的内部传热影响不可忽略，整个物系的温度趋于一致，加热过程接近于常规加热，微波的选择性加热特点被抑制。

从图 5-12 可知，为得到较高浓度乙醇，可收集前期和中期馏出液。后期较低浓度的馏出液可重新经 GAC 吸附-氮气氛围中微波解吸以进一步提纯乙醇。分

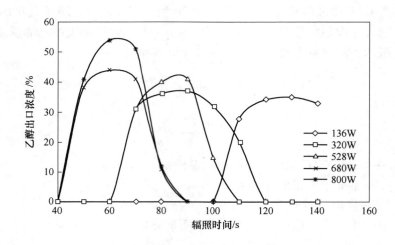

图 5-12   氮气氛围中乙醇出口浓度随时间变化曲线
（GAC 在质量分数为 4.0% 的乙醇水溶液中吸附饱和）

罐收集的馏出液中的乙醇质量分数分别为 30.0% 和 75.0% 时，将 10.000g GAC 置于馏出液中吸附饱和后在氮气氛围中微波解吸（氮气流量 0.06m³/h）。不同微波功率下，乙醇出口浓度（均为质量分数）随时间的变化曲线如图 5-13、图 5-14 所示。

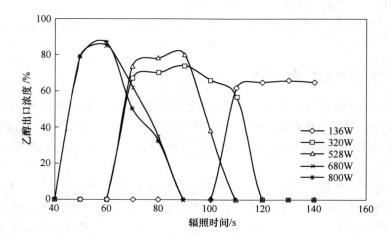

图 5-13   氮气氛围中乙醇出口浓度随时间变化曲线
（GAC 在质量分数为 30.0% 的乙醇水溶液中吸附饱和）

实验结果表明：载乙醇 GAC 在氮气氛围中微波解吸的速度很快。在功率为 320W 的微波辐照下，80s 左右即出现出口浓度的最高峰值。当微波功率不低于

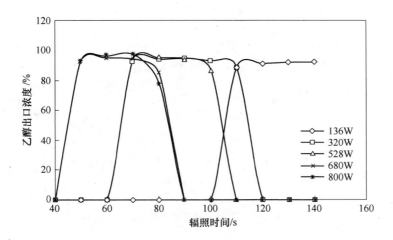

图 5-14 氮气氛围中乙醇出口浓度随时间变化曲线
（GAC 在质量分数为 75.0% 的乙醇水溶液中吸附饱和）

320W 时，120s 左右即可解吸完全。

从图 5-14 可知，质量分数为 4% ~ 8% 的低浓度乙醇水溶液经 3 次 GAC 吸附-氮气氛围中微波解吸循环后，乙醇浓度可提纯至 93% ~ 95%。

5.2.3.5 多次微波辐照对 GAC 的再生作用及多次再生后 GAC 的质量损耗

在本实验中，另外一个重点关注的方面是经多次微波再生后 GAC 吸附能力的有效性及质量损耗。我们设计了一个反复 GAC 吸附-微波再生实验来考查。具体方法如下：取 10.000g 经预处理的新 GAC 按照前述方法在 300mL 质量分数为 4.0% 的乙醇水溶液中吸附饱和，过滤后将该饱和 GAC 置于石英反应器中在 320W 功率下在氮气氛围中微波辐照 120s（氮气流量 0.06m³/h），然后将该微波再生后的 GAC 再次以相同的方式吸附 300mL 质量分数为 4.0% 的乙醇水溶液中的乙醇，然后再在相同的操作条件下用微波辐照再生。这种 GAC 吸附-微波再生操作反复进行了 9 次。

在实验中采用再生炭亚甲蓝吸附值与新炭亚甲蓝吸附值的比值来反映再生炭的吸附容量变化。用再生炭亚甲蓝吸附值与新炭亚甲蓝吸附值之比对再生次数作图，结果如图 5-15 所示。

常规加热再生法每个再生循环中吸附容量和表面积损耗较大，甚至在几个循环后吸附容量降到零，这是由于高温破坏了炭结构以及小孔被堵塞。常规加热法每个再生循环中炭损失较大，一般在 5% ~ 10%。

从图 5-15 可以明显看出，多次微波再生后的 GAC 的吸附容量和新炭相比，

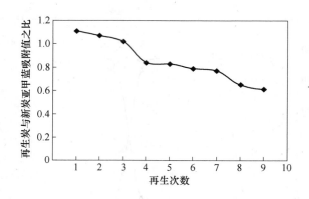

图 5-15 再生次数对再生炭吸附容量的影响

前 3 次再生后，再生炭的吸附容量均高于新炭，4 次再生后吸附容量比新炭有所下降，但下降趋势并不明显，这是和其他再生方法相比的一个明显特点。经过 9 次 GAC 吸附-微波再生循环后，再生炭的亚甲蓝吸附值仍保持在新炭亚甲蓝吸附值的 60% 以上。

在各种活性炭再生工艺中，再生炭的损耗量都是被密切关注的。本操作中 GAC 的初始重量是 10.000g，9 次 GAC 吸附-微波再生循环后其干重为 7.17g，即炭质量损耗率为 28.3%，由此可见微波再生后活性炭的质量损耗率远远小于常规加热。

5.2.3.6 载乙醇 GAC 在氮气氛围中微波解吸过程及机理的探讨

就再生过程而言，Tang C S 等人[119]通过研究废活性炭在微波辐照下的温度及质量变化后认为，废活性炭的微波辐照再生有 4 个步骤：湿炭的加热、吸附质的脱附、吸附质的扩散、干炭的加热。

在载乙醇 GAC 微波解吸的操作中，两个并行的基本过程是载乙醇 GAC 的解吸及 GAC 的再生。为了考查这两个过程，我们进行了以下实验。

5.000g GAC 在质量分数为 4.0% 的乙醇水溶液中吸附饱和后置于 320W 微波场中辐照，氮气流量 0.06m³/h。载乙醇 GAC 经微波辐照再生一定时间后，测定再生炭的亚甲蓝吸附值，结果如图 5-16 所示。

在解吸实验过程中，我们观察到微波辐照 30s 左右时石英反应器中开始有水汽出现，之后整个反应器渐渐呈雾状；90s 后 GAC 床层变干；300s 后 GAC 床层呈暗红色。

从再生炭的亚甲蓝吸附值来看，载乙醇 GAC 经短时间微波再生后吸附容量有所降低，但幅度不大（40s 左右降至最低），而后再生炭的吸附容量随再生时间的延长而迅速增大。从图 5-16 来看，经微波再生 140s 后 GAC 的吸

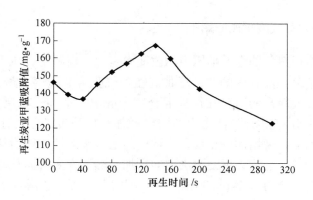

图 5-16　再生炭亚甲蓝吸附值随再生时间的变化

附容量远远超过新炭，而后随着再生时间的延长，GAC 长时间处于高温炽热状态下，吸附容量迅速降低（多次实验表明，当在较高微波功率下长时间辐照，GAC 温度超过 1000℃后基本失活）。因此在实验过程中应严格控制温度上限值。

　　根据以上实验事实，综合考虑载乙醇 GAC 在氮气氛围中的微波解吸过程与再生过程及机理，我们认为，在氮气氛围中微波解吸负载有水和乙醇这类低沸点化合物的活性炭，其过程和机理分为 5 步：

　　（1）负载有乙醇和水的湿活性炭的加热及微波对活性炭的改性；

　　（2）吸附质的脱附和活性炭的活化；

　　（3）吸附质的扩散；

　　（4）干活性炭的加热，活性炭的进一步活化；

　　（5）活性炭的烧损，活性炭的失活。

5.3　载乙醇活性炭真空微波解吸

　　依据吸附剂再生方式的不同，吸附法又可分为变温吸附（Temperature Swing Adsorption，TSA）和变压吸附（Pressure Swing Adsorption，PSA）。

　　PSA 指的是气体组分或液态溶液经汽化后的气体，由于其吸附等温线斜率的变化，在系统压力变化的情况下，被吸附剂吸附分离。系统压力有规律地改变是 PSA 的传质推动力。等温时升高系统的压力，床层吸附容量增高，气体被吸附；反之系统压力下降，其吸附容量相应减少，吸附剂解吸再生，同时得到气体产物。根据系统压力大小变化的不同，PSA 循环可以是常压吸附、抽真空解吸；加压吸附、常压解吸；加压吸附、抽真空解吸等几种方法。对一定的吸附剂而言，压力变化越大，吸附剂脱除得越多[83]。

5.3.1　系统压力对气液平衡的影响

溶液蒸发所得蒸气的组成随压力的改变而变化。据测定，压力增高时，蒸发需要能耗高的组分在蒸气中的浓度增加。在蒸气张力曲线存在最大值的系统中，压力增高，蒸发能耗高的组分在恒沸混合物中的浓度增加；相反，压力降低时，蒸发能耗低的组分在恒沸混合物中的浓度增加。低浓度的乙醇水溶液，压力增高，气相中的乙醇浓度增加；相反，高浓度的乙醇水溶液，压力增高，气相中的水分增多。采用减压蒸馏，可使恒沸点向增加乙醇浓度的方向移动。当压力降至 $0.933 \times 10^4 Pa$ 时，就可以得到100%乙醇。不同压力下，乙醇在恒沸混合物中的浓度见表5-5。

表5-5　不同压力下乙醇在恒沸混合物中的浓度

压力($\times 10^4$) /Pa	沸点/℃	恒沸混合物中乙醇浓度（质量）/%	压力($\times 10^4$) /Pa	沸点/℃	恒沸混合物中乙醇浓度（质量）/%
0.933	29.97	100	5.393	63.04	96.25
1.333	33.35	99.56	10.13	78.15	95.57
1.729	39.2	98.7	14.440	87.12	95.35
2.644	47.6	97.3	19.344	95.35	95.25

5.3.2　真空解吸的特点

本节的实验装置在真空条件下操作。之所以考虑在真空条件下解吸载乙醇GAC，是因为与氮气氛围中的微波解吸相比，载乙醇GAC的真空微波解吸所具有的明显的优点：

（1）高浓度的乙醇水溶液，压力降低，气相中的乙醇增多。采用减压蒸馏，可使恒沸点向增加乙醇浓度的方向移动。

（2）采取常压吸附、抽真空解吸的变压吸附循环，不仅加大了解吸速率，而且在反应器与冷凝器之间形成压力梯度，将解吸气及时带出反应器冷凝。

（3）载乙醇GAC在微波场中升温很快。抽走空气，防止空气中的氧在高温下氧化GAC，降低GAC损耗。

（4）载乙醇GAC在氮气氛围中微波解吸，载气会从反应器中带走部分热量，而真空解吸则避免了这个问题，降低了能耗。

5.3.3 载乙醇活性炭真空微波解吸的工艺流程

5.3.3.1 工艺流程图

载乙醇 GAC 真空微波解吸的工艺流程如图 3-2 所示。本真空实验装置的绝对压强保持在 21.8 ~ 22.2kPa。

5.3.3.2 实验装置主要组成部分

实验装置主要由以下四部分组成。

（1）系统真空度控制系统：这部分主要由水环式真空泵、缓冲瓶及医用真空表组成，作用是控制及指示系统的真空度，保证使载乙醇 GAC 在预定的真空条件下解吸。

（2）微波解吸系统：在微波炉顶部中央部位开一相当于石英玻璃反应器直径大小的圆孔，将反应器插入圆孔并固定。反应器顶部支管接冷凝器。

（3）温度测量系统：选用 WRNK-101 型铠装热电偶及 101 型 XMZ 数显温度指示仪测温。热电偶探头从反应器顶部橡胶塞的小孔插入载乙醇 GAC 床层中央位置。

（4）冷凝系统：本实验解吸气体的冷凝回收采用冷凝法。冷凝器为三支串联的蛇形冷凝管，通冷凝水，依次排列并向下倾斜，后接馏出液收集瓶。

5.3.3.3 流程说明

微波炉顶部中央部位开一相当于反应器直径尺寸（30mm i.d.）的圆孔，石英玻璃反应器（30mm i.d.）通过此孔插入微波炉腔，反应器下端开口用橡胶塞塞紧。在反应器内距下端 6cm 左右安装一块石英玻璃材料的打孔筛板（筛板 30mm i.d.，筛孔 1.5mm i.d.），并在筛板上均匀地铺一层玻璃棉，用于承托载乙醇 GAC。热电偶探头插入到载乙醇 GAC 床层接近中心的位置。反应器的顶部支管与冷凝系统连接，用收集瓶收集馏出液。收集瓶后连接缓冲瓶和水环式真空泵，缓冲瓶上部安装医用真空表用于指示系统真空度。整个系统保持良好的密闭性。

5.3.3.4 系统密闭性检验

将真空微波解吸装置与外界相连的各种阀门关闭，打开真空泵，根据真空表示数，观察系统压强的变化情况。

如果不满足要求则用皂沫检查装置各处连接，发现泄漏就用真空脂涂抹密封。

5.3.3.5 流程操作步骤

(1) 为冷凝管通冷凝水。

(2) 打开水环式真空泵,观察真空表示数。待示数稳定后,调节微波功率,接通微波炉电源并开始计时,热电偶测温系统记录载乙醇 GAC 床层温度。

(3) 微波辐照至设定时间时,切断微波炉电源,关闭真空泵,关闭冷凝水。

(4) 收集馏出液。用重量法鉴定解吸率及再生后 GAC 的质量损耗率,用气相色谱法测定馏出液中乙醇浓度。

5.3.4 实验结果分析

在载乙醇 GAC 真空微波解吸实验中,主要关心的指标有分离效果、解吸率、再生炭的吸附容量及质量损耗率等。载乙醇 GAC 在恒定真空度下的微波解吸过程中对这几项指标产生影响的因素主要有微波功率、辐照时间、活性炭量及饱和炭的乙醇平衡吸附量。在真空条件下,载乙醇 GAC 在微波场中的解吸再生过程及其机理直接决定于微波功率及辐照时间。活性炭量是决定微波吸收状况及向环境散热状况的重要参数。当进行载乙醇 GAC 的微波解吸操作时,由于 GAC 吸附了乙醇与水这两种吸收微波效率与极性都不同的物质,因此平衡吸附量对解吸率及解吸机理都有影响。

本节拟通过正交实验对载乙醇 GAC 真空微波解吸工艺进行优化,并测定载乙醇 GAC 真空微波解吸的乙醇出口浓度曲线,以评价分离效果。以分离效果、解吸速率、再生炭的吸附容量与质量损耗率等为指标综合评价和比较载乙醇 GAC 在氮气氛围中的微波解吸与真空微波解吸效果。

5.3.4.1 载乙醇 GAC 真空微波解吸的正交实验

GAC 在不同浓度的乙醇水溶液中吸附饱和,并在真空条件下用微波辐照解吸(真空装置绝对压强保持在 21.8 ~ 22.2kPa)。本实验选取的三种浓度的乙醇水溶液的质量分数分别为 1.0%、4.0%、6.0%。GAC 在这三种乙醇水溶液中吸附饱和后对乙醇的平衡吸附量分别为 54.11mg/g、178.85mg/g、257.33mg/g。以再生炭的亚甲蓝吸附值为实验指标,以微波功率(W)、辐照时间(s)、活性炭量(g)、平衡吸附量(mg/g)为实验因素,列出 $L_9(3^4)$ 正交表进行实验。因素水平安排见表5-6。

表5-6 正交实验的因素与水平

因素 水平	微波功率/W	辐照时间/s	活性炭量/g	平衡吸附量/mg·g⁻¹
1	136	80	5.000	54.11

水平 因素	微波功率/W	辐照时间/s	活性炭量/g	平衡吸附量/mg·g⁻¹
2	320	100	10.000	178.85
3	680	120	15.000	257.33

按正交表进行实验，并对正交实验进行直观分析，结果见表5-7和表5-8。

表5-7　正交实验结果

序号	微波功率/W	辐照时间/s	活性炭量/g	平衡吸附量/mg·g⁻¹	再生炭亚甲蓝吸附值/mg·g⁻¹
1	136	80	5.000	54.11	149.75
2	136	100	10.000	178.85	182.85
3	136	120	15.000	257.33	178.18
4	320	80	10.000	257.33	159.32
5	320	100	15.000	54.11	171.70
6	320	120	5.000	178.85	156.40
7	680	80	15.000	178.85	182.85
8	680	100	5.000	257.33	176.43
9	680	120	10.000	54.11	151.60

表5-8　$L_9(3^4)$ 正交实验的直观分析

水平 因素	微波功率/W		辐照时间/s		活性炭量/g		平衡吸附量/mg·g⁻¹	
	K_1	$\overline{K_1}$	K_2	$\overline{K_2}$	K_3	$\overline{K_3}$	K_4	$\overline{K_4}$
1	510.78	170.26	491.92	163.97	482.58	160.86	473.05	157.68
2	487.42	162.47	530.98	176.99	493.77	164.59	522.10	174.03
3	510.88	170.29	486.18	162.06	532.73	177.58	513.93	171.31
R	7.82		14.93		16.72		16.35	

比较极差 R 可知，对再生炭吸附容量影响最大的是活性炭量，其次是平衡吸附量和辐照时间，最后是微波功率。这个结果与载乙醇 GAC 在氮气氛围中解吸的正交实验结果差异较大。在后者中，微波功率是再生炭吸附容量的主要影响因素；而在真空解吸实验中，在各种功率水平下再生炭的亚甲蓝吸附值均有可能出现较高值，微波功率不再是影响再生炭吸附容量的重要因素。

如果只以再生炭亚甲蓝吸附值为衡量指标的话，真空微波解吸正交实验确定的最佳工艺条件为：微波功率 680W，辐照时间 100s，活性炭量 15.000g，平衡吸附量 178.85mg/g。在此工艺条件下载乙醇 GAC 解吸率为 99.9%，再生炭亚甲蓝吸附值为 183.15mg/g，质量损耗率为 2.5%。

对比表 5-7 与表 5-8 可以明显看出，比起在氮气氛围中的解吸，载乙醇 GAC 经真空解吸后再生炭普遍具有更高的亚甲蓝吸附值，且在九次正交实验中再生炭的亚甲蓝吸附值均高于新炭。

根据实验结果，GAC 在微波场中温度过高时会导致失活。载乙醇 GAC 在真空条件下微波再生后普遍具有更高的亚甲蓝吸附值，究其原因是：载乙醇 GAC 在真空条件下解吸，由于系统真空度较高且相对稳定，避免了在氮气氛围中解吸时因 GAC 床层中氮气分布不均而导致的局部高温氧化问题。真空条件下微波辐照处理再生的 GAC 可能具有更大的比表面积、微孔面积和孔体积。

5.3.4.2 平行实验

在只以再生炭亚甲蓝吸附值为衡量指标的最佳工艺条件，即微波功率 680W，辐照时间 100s，活性炭量 15.000g，平衡吸附量 178.85mg/g 下进行平行实验，对载乙醇 GAC 的解吸率、再生炭亚甲蓝吸附值及质量损耗率进行分析，平行实验结果见表 5-9。

表 5-9 平行实验结果

序　号	再生炭亚甲蓝吸附值/mg·g^{-1}	解吸率/%	再生炭质量损耗率/%
1	182.94	99.88	2.4
2	183.10	99.94	2.5
3	183.41	99.91	2.6
平均值$\overline{X}$	183.15	99.91	2.5

从表 5-9 可以看出，载乙醇 GAC 真空微波解吸实验中，在只以再生炭亚甲蓝吸附值为衡量指标的最佳工艺条件下，平行实验的结果较好。在此工艺条件下载乙醇 GAC 解吸率为 99.91%，再生炭亚甲蓝吸附值为 183.15mg/g，质量损耗率为 2.5%。

5.3.4.3 载乙醇 GAC 真空微波解吸的乙醇出口浓度曲线

10.000g GAC 在质量分数为 4.0% 的乙醇水溶液中吸附饱和后置于真空微波解吸系统中解吸（真空装置绝对压强保持在 21.8 ~ 22.2kPa）。对不同微波功率下的解吸气体的馏出液从 0 ~ 140s 连续取样，乙醇出口浓度（均为质量分数）随时间的变化曲线如图 5-17 所示。

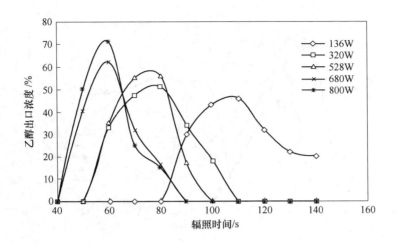

图 5-17　真空条件下乙醇出口浓度随时间变化曲线
（GAC 在质量分数为 4.0% 的乙醇水溶液中吸附饱和）

与载乙醇 GAC 在氮气氛围中解吸所得到的结论一致，微波功率越高，解吸越快，乙醇出口浓度曲线的峰形越尖锐，峰值越高，且越早出现。因此，增大微波功率有利于分罐收集得到高浓度的乙醇，载乙醇 GAC 真空微波解吸的分离效果越好。为得到较高浓度乙醇，可收集前期和中期馏出液。

从图 5-17 可以明显看出，比起在氮气氛围中的解吸，微波在真空条件下对负载在 GAC 上的乙醇-水体系表现出了更强的选择性。载乙醇 GAC 真空微波解吸的乙醇出口浓度曲线的峰形更为尖锐，峰值更高，且更早出现更快结束，因此载乙醇 GAC 真空微波解吸更有利于分罐收集得到高浓度的乙醇，分离效果更好，且解吸更快。

后期较低浓度的馏出液可重新经 GAC 吸附-真空微波解吸以进一步提纯乙醇。分罐收集的馏出液中的乙醇质量分数分别为 30.0% 和 75.0% 时，将 10.000g GAC 置于馏出液中吸附饱和后在真空微波解吸系统中解吸（真空装置绝对压强保持在 21.8 ~ 22.2kPa）。不同微波功率下，乙醇出口浓度（均为质量分数）随时间的变化曲线如图 5-18、图 5-19 所示。

同前面的结果相一致，载乙醇 GAC 真空微波解吸的乙醇出口浓度曲线的峰形更为尖锐，峰值更高，且更早出现更快结束。在真空条件下，微波对负载在 GAC 上的乙醇-水体系的选择性更强，前期、中期与后期的馏出液的乙醇浓度相差更大。在 320W 功率下，载乙醇 GAC 真空微波解吸 70s 左右即出现乙醇出口浓度的最高峰值。

图 5-17 ~ 图 5-19 表明：质量分数为 4% ~ 8% 的低浓度乙醇水溶液经 3 次 GAC 吸附-真空微波解吸循环后，乙醇浓度可提纯至 97% ~ 98%。

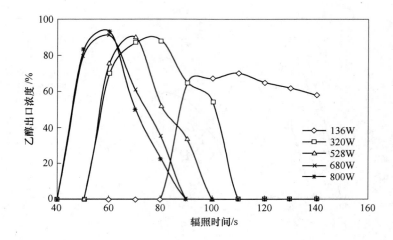

图 5-18　真空条件下乙醇出口浓度随时间变化曲线
（GAC 在质量分数为 30.0% 的乙醇水溶液中吸附饱和）

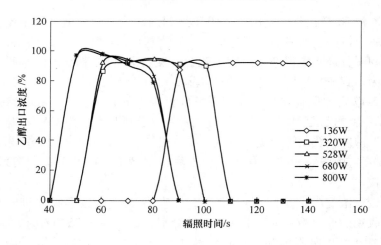

图 5-19　真空条件下乙醇出口浓度随时间变化曲线
（GAC 在质量分数为 75.0% 的乙醇水溶液中吸附饱和）

5.3.4.4　真空条件下解吸与氮气氛围中解吸的乙醇出口浓度曲线对比

出口浓度曲线不仅是衡量微波选择性及微波解吸分离效果的直观体现，而且在一定程度上体现了解吸动力学。出口浓度曲线越陡，峰形越尖锐，说明微波解吸过程不同时段的解吸气体组成差异越大，微波对各加热组分的选择性越强，分离效果越好。而出口浓度曲线在横轴的位置则反映了解吸的快慢，出口浓度曲线出现得越早，峰形越尖锐，结束越早，说明解吸越快。

同在氮气氛围中的解吸实验得到的结论一致，随微波功率的增高，乙醇出口浓度的峰值也增大，且越早出现。与在氮气氛围中解吸的乙醇出口浓度曲线相比，载乙醇 GAC 真空微波解吸的乙醇出口浓度曲线有以下两个特点：

（1）对于横轴来讲，乙醇出口浓度曲线向左有一定偏移量，且峰形更加尖锐。这说明乙醇出口浓度曲线更早出现更快结束，解吸更快。究其原因，是因为在真空条件下进行解吸操作，乙醇气相分压更低，所以解吸更快。

（2）对于最高峰值来讲，出口浓度曲线向上有一定偏移量，且峰形更加尖锐。

由此得出一关键结论：高浓度的乙醇水溶液，系统压力降低，气相中的乙醇增多，采用减压蒸馏，可使恒沸点向增加乙醇浓度的方向移动这一规律在以微波为加热源的情况下依然成立，且由于微波具有常规加热所不可比拟的选择性，这条规律体现得更加明显。

5.3.4.5　真空条件下与氮气氛围中载乙醇 GAC 解吸速率的比较

10.000g GAC 在质量分数为 4.0% 的乙醇水溶液中吸附饱和后置于微波功率为 320W 的微波系统中，分别在真空条件下（系统绝对压强 21.8～22.2kPa）及氮气氛围中（氮气流量 0.06m³/h）做解吸实验，解吸率随时间的变化曲线如图 5-20 所示。

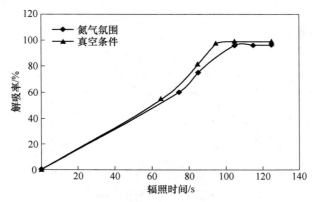

图 5-20　真空条件下和氮气氛围中载乙醇 GAC
解吸率随时间的变化曲线

从图 5-20 可以看出，载乙醇 GAC 的真空解吸明显快于在氮气氛围中解吸。之前我们测定氮气氛围中解吸和真空解吸的乙醇出口浓度曲线时，所鉴定的其他微波功率下的解吸率数据也都是这种情况，即真空解吸要快于在氮气氛围中解吸。在真空条件下，当微波功率 320W、辐照时间 90s 时，解吸率为 96.7%。综合考虑活性炭温度、活性炭量等因素，多次实验表明，当微波功率不低于 320W

时，100s左右就可将载乙醇GAC解吸完全。究其原因，是因为比起在氮气氛围中解吸，在真空条件下进行解吸操作，解吸过程中乙醇的气相分压更低，所以解吸更快。另外，载乙醇GAC在氮气氛围中解吸的过程中，存在氮气从反应器中带出部分热量增加能耗的问题，且当氮气流量过大时，容易从反应器中吹出活性炭。载气促进传质一方面效率不高，另一方面容易造成活性炭颗粒之间的剧烈摩擦，导致炭损耗。真空解吸则避免了这些问题，既降低了能耗，加快了乙醇的解吸，又降低了活性炭的质量损耗。

此外，载乙醇GAC在真空条件下解吸，由于本真空微波解吸系统真空度较高且相对稳定，避免了在氮气氛围中解吸时因GAC床层中氮气分布不均而导致的局部高温氧化问题。我们认为这一点不仅是增强再生炭吸附性能的重要因素，而且对降低再生炭的质量损耗也是有贡献的。

5.3.4.6   真空微波解吸后再生炭的质量损耗

10.000g GAC在质量分数为4.0%的乙醇水溶液中吸附饱和后置于真空微波解吸系统中解吸（系统绝对压强21.8~22.2kPa），辐照时间90s，不同微波功率下再生炭的质量损耗率如图5-21所示。

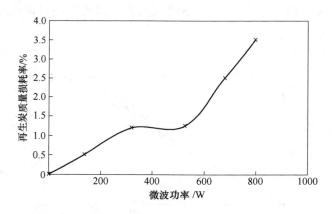

图5-21   不同微波功率下再生炭的质量损耗率

比起在氮气氛围中的解吸，载乙醇GAC经真空解吸后的质量损耗更少。微波功率越高，再生炭质量损耗率越高，但均低于5%。当微波功率为800W时，再生炭的质量损耗率为3.5%，当微波功率不高于320W时，几乎没有损耗。

5.4   微波共沸精馏理论

常规精馏分离的依据是：液体均具有挥发而成为蒸气的能力，但各种液体的挥发性各不相同。因此，液体混合物部分气化所生成的气相组成与液相组成将有

所差别，即

$$\frac{y_A}{y_B} > \frac{x_A}{x_B} \tag{5-11}$$

式中 　y_A，y_B——气相 A 和 B 组分的组成；

　　　x_A，x_B——液相 A 和 B 组分的组成。

　　将双组分液体混合物加热沸腾使之部分气化，所得的气相不仅满足上式，且必有 $y_A > x_A$，此即为精馏操作。可见，精馏操作是借混合液中各组分挥发性的差异而达到分离目的。

　　常规精馏是利用多次部分气化与多次部分冷凝原理进行的。由于各组分挥发度的不同，易挥发组分在气相中的含量较液相中多，通过多级塔板多级分离，达到提纯目的。

　　微波辐照解吸载有机物活性炭的情形与常规精馏有所不同。在微波辐照下，各种被蒸发的吸附质的电子损失程度不同，因此能实现对吸附质的选择加热。微波辐照加热物料后，较易被微波加热的组分在解吸气体中的含量较液相中多，难被微波加热的组分在解吸气体中的含量较液相中少。即在微波解吸载有机物活性炭的情形下，所形成的分离效果不仅取决于各加热组分的挥发度，还取决于微波的选择性，即微波对各加热组分不同的加热效率。

5.4.1　微波共沸精馏解吸的定义

　　微波共沸精馏解吸指载有机物活性炭在微波加热下达到完全解吸或接近完全解吸（共沸的含义），以实现活性炭的再生，重新用于吸附过程。由于微波具有选择性，对不同的物质具有不同的加热效率，因此解吸过程中不同物质的解吸速率不同，形成尖锐的出口浓度曲线。分罐收集馏出液，可将较低浓度的馏出液重新用于活性炭吸附过程以进一步提纯。经多次活性炭吸附-微波解吸后，混合液可分离成纯粹的组成。

5.4.2　微波共沸精馏解吸分离效果的评价指标

　　微波共沸精馏解吸即通过微波的选择性，形成气相组成与液相组成的差异，来达到分离目的。简单蒸馏及常规精馏利用各组分挥发性的不同实现分离，而微波共沸精馏解吸主要利用微波对各组分加热效率不同这一点来达到分离目的。出口浓度曲线是体现微波选择性的重要参数，是衡量微波共沸精馏解吸分离效果的重要指标。出口浓度曲线越陡，峰形越尖锐，说明微波共沸精馏解吸过程不同时段的解吸气体组成差异越大，微波对各加热组分的选择性越强，分离效果越好。

5.5　本章小结

　　（1）制备吸附饱和的载乙醇 GAC 实验确定的吸附温度为常温，吸附平衡时间为 2h，乙醇水溶液量（质量分数为 3.7%～75.0%）与活性炭量的配比为 30mL：1g；采用 Freundlich 吸附模型对吸附等温线进行拟合。20℃时上海 GAC 对水中低浓度乙醇（质量分数在 10% 以下）吸附等温线的拟合方程为 $q = 53.2767C^{0.8592}$，相关系数 $R^2 = 0.9940$；重庆 GAC 对水中低浓度乙醇（质量分数 10% 以下）吸附等温线的拟合方程为 $q = 19.5672C^{0.7995}$，相关系数 $R^2 = 0.9913$。

（2）针对酒精工业中产生的淡酒液用 GAC 吸附-氮气氛围中微波解吸方法回收其中可利用的乙醇，设计了载乙醇 GAC 在氮气氛围中微波解吸的实验流程。如果只以再生炭亚甲蓝吸附值为衡量指标的话，正交实验确定的最佳工艺条件为微波功率 320W、活性炭量 5.000g、氮气流量 0.10m³/h、辐照时间 120s。在此工艺条件下载乙醇 GAC 解吸率为 98.90%，再生炭的亚甲蓝吸附值为 168.85mg/g，质量损耗率为 5.10%。

（3）分析了微波解吸分离过程，强调微波选择性对分离效果的作用。采用近似方法测定乙醇出口浓度曲线，发现微波功率越高，载乙醇 GAC 在氮气氛围中微波解吸的乙醇出口浓度的峰值越大，且越早出现。在功率为 320W 的微波辐照下，80s 左右即出现出口浓度的最高峰值。当微波功率不低于 320W 时，120s 左右即可解吸完全。质量分数为 4%～8% 的乙醇水溶液经 3 次 GAC 吸附-氮气氛围中微波解吸循环后，乙醇浓度可提纯至 93%～95%。

（4）经过 9 次 GAC 吸附-氮气氛围中微波再生循环后，GAC 质量损耗率为 28.3%，再生炭的亚甲蓝吸附值仍保持在新炭亚甲蓝吸附值的 60% 以上。用 GAC 吸附-氮气氛围中微波解吸方法回收淡酒液中的低浓度乙醇具有操作简单、速度快、容易控制、再生炭吸附容量高、损耗少及乙醇回收率高等优点；简要探讨了在氮气氛围中微波解吸负载有水和乙醇这类低沸点化合物的活性炭的过程及机理。

（5）如果只以再生炭亚甲蓝吸附值为衡量指标的话，真空微波解吸正交实验确定的最佳工艺条件为：微波功率 680W、辐照时间 100s、活性炭量 15.000g、平衡吸附量 178.85mg/g。在此工艺条件下载乙醇 GAC 解吸率为 99.9%，再生炭亚甲蓝吸附值为 183.15mg/g，质量损耗率为 2.5%。

（6）质量分数为 4%～8% 的乙醇水溶液经 3 次 GAC 吸附-真空微波解吸循环后，乙醇浓度可提纯至 97%～98%。

（7）同在氮气氛围中的解吸实验得到的结论一致，随微波功率的增高，乙醇出口浓度的峰值也增大，且越早出现。分析了真空条件下解吸与氮气氛围中解吸的乙醇出口浓度曲线的差异，得出这一关键结论：高浓度的乙醇水溶液，系统压力降低，气相中的乙醇增多，采用减压蒸馏，可使恒沸点向增加乙醇浓度的方向移动这一规律在以微波为加热源的情况下依然成立，且由于微波具有常规加热所不可比拟的选择性，这条规律体现得更加明显。

（8）经真空微波解吸后，再生炭的质量损耗率很小。微波功率不高于800W时，再生炭质量损耗率不高于5%；发现比起在氮气氛围中的解吸，载乙醇GAC的真空解吸速度更快，再生炭普遍具有更高的亚甲蓝吸附值及更低的质量损耗率。

（9）提出了微波共沸精馏理论。

6

沤麻废水处理

6.1 实验准备

6.1.1 实验试剂及设备

　　本实验主要目的是研究一种能够处理沤麻废水的新方法，探讨此方法对沤麻废水的处理效果。本实验采用的方法为活性炭-微波协同处理法，主要利用活性炭对有机污染物优异的吸附性能及其良好的催化有机污染物氧化降解的效用，同时利用微波加热辅助方式达到净化沤麻废水的目的。实验涉及的试剂设备见表6-1和表6-2。

表 6-1 化学试剂

药品	分子式	分子量 /mg·mol^{-1}	规格	生产厂商
亚麻			纤维用亚麻	取自昆明市某亚麻厂
活性炭	C	12.01	分析纯	天津市风船化学试剂科技有限公司
重铬酸钾	$K_2Cr_2O_3$	294.18	分析纯	天津市化学试剂六厂三分厂
硫酸银	Ag_2SO_4	311.80	分析纯	上海旭达精细化工厂
硫酸	H_2SO_4	98.08	分析纯 (95%~98%)	成都市科龙化工试剂厂
邻菲罗啉	$C_{12}H_8N_2 \cdot H_2O$	198.22	分析纯	天津市博迪化工有限公司
硫酸亚铁铵	$(NH_4)_2Fe(SO_4)_2 \cdot 6H_2O$	392.13	分析纯	北京化工试剂三厂
无水乙醇	CH_3CH_2OH	46.07	分析纯 (≥99.7%)	成都市联合化工试剂研究所
邻苯二甲酸氢钾	$KC_6H_5O_4$	204.23	分析纯	洛阳市化学试剂厂

表 6-2　主要的实验设备

设 备 名 称	规 格	生 产 厂 商
电热恒温鼓风干燥箱	DHG-9240A	上海一恒科技有限公司
微波装置	WP800TL23-K3	格兰仕
磁力搅拌器	78-1	上海越磁电子科技有限公司
可调控温电热套	KM-1000	盐城市华康科学仪器厂
电子万用炉	220VAC	天津市泰斯特仪器有限公司
电子天平	TB-214	北京赛多利斯仪器系统有限公司
循环水式真空泵	SH2-D（Ⅲ）	巩义市英裕予华仪器厂
标准筛	$250\mu m$、$420\mu m$、$840\mu m$	浙江上虞市华丰五金设备有限公司
精密试纸、广范试纸		上海三爱思试剂有限公司

实验包括活性炭的预处理、沤麻废水的制备、单独活性炭吸附处理沤麻废水、微波单独处理沤麻废水、活性炭-微波协同处理沤麻废水实验反应方式的选择和处理沤麻废水关键因素的筛选及单因素实验与正交实验考查等的研究。

在工业水处理中使用最多的是颗粒果壳活性炭，而木质、煤质以及粉状活性炭应用比较少。本实验所用活性炭为黑色无定形粒状物，由植物硬壳精炼而成，粒径为 $250\sim420\mu m$，其杂质含量指标见表 6-3。

表 6-3　本实验所用活性炭杂质最高质量分数　　　　　　　　　　%

杂 质 名 称	质量分数	杂 质 名 称	质量分数
乙醇溶解物	0.2	盐酸溶解物	0.8
干燥失重	10.0	灼烧残渣（以硫酸盐计）	2.0
氯化物（以 Cl 计）	0.025	硫化合物（以硫酸盐计）	0.10
重金属（以 Pb 计）	0.05		

活性炭的物理性能中主要包括颗粒尺寸、水分、强度、灰分、充电密度和漂浮率。其中灰分高的活性炭不仅吸附能力下降，而且还会提高溶出杂质的几率。所以在使用新的活性炭之前一般要对活性炭进行预处理，以便减少活性炭中灰分含量。应用比较广泛且操作简单的办法便是向活性炭中加入无机酸，使活性炭中的灰分溶解在酸里，然后通过过滤等手段使灰分随溶液过滤掉。又考虑到阴离子中 Cl⁻ 是不被活性炭吸附的众多离子之一，所以本实验选用 HCl 作为活性炭预处理的酸试剂。具体活性炭预处理方法为：将预先准备好的活性炭浸入体积分数为 10% 的盐酸中，24h 后滤出，用去离子水清洗活性炭数次后，将活性炭置于去离子水中，一并置于电炉上加热，并不时用搅拌器搅拌，防止爆沸。待活性炭在沸水中煮 1h 后，调节 pH 值至 7，停止加热，滤除溶液，最后将活性炭于 105℃ 下干燥 24h。备用。

6.1.2 温水沤制亚麻及亚麻废水 COD 测定

沤麻又称为亚麻脱胶，是相关亚麻和水的联合工艺过程。亚麻种类繁多，有纤维用亚麻、油纤用亚麻、油用亚麻和匍匐茎亚麻，在亚麻纺织行业中，使用最多的是纤维用亚麻。目前国内外关于沤麻的相关方法包括生物法、化学法。生物法是指雨露沤麻、温水沤麻、冷水沤麻、雪水沤麻，而化学法就是指化学蒸煮法。其中目前普遍被采用的方法是生物法中的雨露沤麻和温水沤麻。

本实验所用沤麻废水是实验内采用温水沤麻法制得。制备方法为：将亚麻秸秆去根部，将麻茎剪成约 8cm 长的短杆，并捆绑成束，置于含一定量实验室自来水的塑料桶内，物料比（亚麻质量：水的质量）为 1：20，沤制 100h。

因为沤麻废水会含有大量的悬浮物和少量漂浮物，所以必须经过过滤处理方可使用。但由于一般的抽滤和普通的过滤过程所用滤纸均为定性滤纸，滤纸的空隙相对较小，而沤麻废水中所含的悬浮物、漂浮物粒径较大，加之沤麻过程中所产生的微生物等容易堵塞滤纸，因此这两种过滤方法都不能高效地处理沤麻废水。本实验先用滤布将沤麻废水中漂浮物去除，然后再用循环水式真空泵和布氏漏斗对废水进行过滤处理。

6.1.2.1 沤麻废水的预处理

（1）废水取样。因沤麻废水成分复杂，各种有机污染物的比重各不相同，因此取样前需将废水搅拌均匀。

（2）沤麻废水 pH 值的调节。将一定浓度的氢氧化钠溶液或者硫酸溶液滴加到沤麻废水里，同时用 pH 试纸测定废水 pH 值，直至 pH 值符合实验反应条件的要求。

（3）沤麻废水的储存。因本实验对沤麻废水 COD 的测定需要一定的时间，为防止沤麻废水遭受二次污染导致测定的数据不准确。故本实验的废水样品经过一定的处理后，再将其存储于密闭的容器中。

据文献中介绍，当废水处理中所取废水 pH 值小于 2 时，其储存 7 天指标也不会发生变化。所以本实验的沤麻废水样品在存储前的处理方法为：将其 pH 值调整到 2。

6.1.2.2 亚麻废水 COD 的测定

常用的测定 COD 的方法主要有重铬酸盐法和高锰酸钾法。高锰酸钾法适合范围窄，主要用于工业冷却水、原水、锅炉水中 COD 的测定，且对废水 COD 的测定范围也比较小，仅为 $2 \sim 80mg/L$（以 O_2 计）。鉴于沤麻废水的高 COD，其值不在高锰酸钾法测试范围，所以本实验废水 COD 的测试采用重铬酸盐法。

本实验采用的 COD 测定方法有两种：一种是常规废水 COD 测定方法，另一种为 COD 测定仪测定方法。

A COD 测定仪测沤麻废水 COD

（1）试剂。

1）氧化剂：向强酸溶液介质中加入过量而又准确称量的重铬酸钾配制成氧化剂。

2）专用复合催化剂：浓 H_2SO_4-Ag_2SO_4。

（2）测定方法。将所测废水与重铬酸钾氧化剂和专用催化剂一起置于 165℃ 恒温加热消解 10min，此时重铬酸钾溶液中 6 价铬被废水中有机污染物还原为 3 价铬离子。然后在波长 610nm 处，测定 3 价铬离子的含量。根据 3 价铬离子的含量计算得出水样的 COD 值。

（3）标准曲线的绘制。往一系列专用反应管中，分别加入 0.00mL、0.50mL、1.00mL、1.50mL、2.00mL 和 3.00mL 邻苯二甲酸氢钾标准溶液，测得相应的 COD 值为 0mg/L、200mg/L、400mg/L、600mg/L、800mg/L 和 1200mg/L。取 3mL 水样置于专用反应管内，水样不足 3mL 的需用蒸馏水补至 3mL，然后再加入氧化剂和催化剂。将反应管置于 COD 测定仪内于 165℃ 下消解 10min。取出反应管，待冷却至室温后，用蒸馏水定容至 12mL，加盖摇匀，再次冷却至室温后，于 610nm 波长处，测定吸光度。得出 COD 值绘制标准曲线图，如图 6-1 所示。

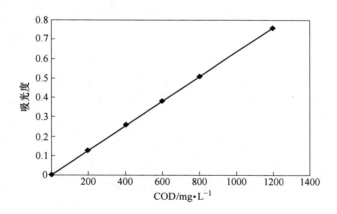

图 6-1 COD 标准曲线

得出回归方程为：

$$y = 1583.9x - 7.49 \tag{6-1}$$

式中 y——COD 值，mg/L；
x——吸光度。

其相关系数 R 的值为 0.9999。

（4）水样 COD 计算公式。

$$COD = \frac{3 \times m}{V} \tag{6-2}$$

式中　m——由回归方程计算得出的 COD 值，mg/L；

　　　V——试样水的体积，mL；

　　　3——试样的体积，mL。

B　COD 去除率 η 的计算

$$\eta = \frac{COD_1 - COD_2}{COD_1} \times 100\% \tag{6-3}$$

式中　COD_1——处理前沤麻废水 COD_{Cr}，mg/L；

　　　COD_2——处理后沤麻废水 COD_{Cr}，mg/L。

6.1.2.3　实验分析

A　温水沤麻过程中 COD 的测定

从早上 9：00 开始沤麻算起，以后每天的 15：00 和 9：00 测定沤麻废水的 COD 值，所得数据见表 6-4。

表 6-4　沤麻废水 COD 值的变化

测定的次数	1	2	3	4	5	6	7	8	9	10	11	12
COD /mg·L^{-1}	2467	4023	4278	6836	6845	9321	10089	12075	13578	13357	13456	13047

从实验数据可以看出，随着制备时间的延长，废水的 COD 逐渐增大，但增长速率则随时间的延长而缓慢降低，在废水沤制的第 5 天时，废水 COD 达到峰值。根据文献报道，亚麻的脱胶过程中，COD 值的变化趋势不仅与外部因素有关，也与亚麻本身的内部因素有关。外部因素主要是水源，不同的水源中果胶分解菌的存在数量不同，导致产果胶含量有所不同，进而引起脱胶时间的差异。本实验所选用脱胶工艺的水源为实验室用水，脱胶时间长达 5 天，比用池塘水和湖水作为水源时的脱胶时间都要长。内部因素主要包括亚麻的茎粗、亚麻麻茎的不同部位等。亚麻自身内部因素引起脱胶时间的差异主要是因为亚麻原茎中果胶质的含量以及可以降解果胶和木质素等的微生物依原茎茎粗和部位存在差异。这些问题都是亚麻脱胶方面的知识，因本实验主要目的是沤麻废水的处理，所以亚麻脱胶方面的研究不再赘述。

本实验所用沤麻废水的制备条件是：实验室自来水、亚麻去根部但不分茎粗细、温度 35℃、物料比 1∶20、麻茎重 200g、自然 pH 值。

B 沤麻废水制备过程中的现象变化

在沤麻废水制备过程中，沤麻开始进行的前几天，废水表现为起泡、发酵，废水上层覆盖了一层黄色的膜状物，随着时间的推移，沤麻水逐渐冒出一股难闻的酸臭味。此时用 pH 试纸测定沤麻废水的酸度，其 pH 值在酸性范围内，为 5.4 左右。随后的几天，废水的颜色逐渐由黄色变为深灰色，且酸臭味不断加重。此时测量废水 pH 值，废水的 pH 值不断减小，一直到 5.0 左右后，基本上就不再发生变化。

根据亚麻脱胶工艺和生物学相关知识[120]，我们知道温水沤麻过程就是各沤制阶段不同微生物发挥作用的过程。首先是各种好氧微生物，主要是非典型乳酸菌，通过这种乳酸菌进行浸渍液水溶物质的发酵，形成乳酸、二氧化碳和氢。其次是厌氧微生物，主要是果胶分解菌，最终将果胶分解成丁酸、乙酸等有机酸和其他有机化合物、气体。与此同时，液体中的碳水化合物还进行丙酸发酵，形成丙酸及其他产物。而沤麻水中有机酸的大量积累，势必恶化果胶分解菌的繁殖环境，如此也便解释了为什么温水沤麻的沤麻周期比较长。

沤麻废水是较难处理的工业有机废水，COD 浓度高，化学成分很复杂，而且可生化性差。本实验所采用的活性炭-微波协同处理沤麻废水方法所针对的废水处理对象是经过一定处理后的沤麻废水，即对预处理后的沤麻废水进行深度处理的研究，大多采用的沤麻废水 COD 为 4000～5000mg/L。

6.1.3 防止微波泄漏的措施

本实验所用的微波加热设备是自行改装的顶部中央开口的 WP800 型格兰仕家用微波炉，其频率为 2450MHz，波长为 12.24cm。该微波炉的功率和时间都可调，功率的测试范围为 136～800W，时间测试范围为 0～30min。

由于微波对人体伤害较大，为避免微波泄漏对实验人员造成人身伤害，本实验采取以下措施防止微波泄漏：

（1）严格控制反应器的孔径，采用口径为 3cm 的 500mL 磨口锥形瓶，作为反应器。依据是短路传输线上短路处的电流最大，而离短路点 $\lambda/4$ 处（即 3.1cm）的电流最小。

（2）在微波炉开口处填充锡箔纸。依据是微波无法穿透金属。

6.1.4 实验考查因素

本实验共考查 4 个实验因素，分别是沤麻废水 pH 值、活性炭用量、微波辐照功率、微波辐照时间。

（1）沤麻废水 pH 值。实验过程涉及活性炭对沤麻废水的吸附。根据相关知识，影响活性炭吸附性能的因素除了吸附质的性质、吸附温度和介质中的杂质离子等，还包括吸附质的 pH 值。不同 pH 值的吸附质所表现出的形态、大小等有所不同，而且有时 pH 值的变化也会影响吸附剂形态及孔结构的改变，当然也就会对吸附产生影响。所以本实验将沤麻废水 pH 值作为一个考查因素。

（2）活性炭用量。一般情况下，活性炭量越多对废水吸附效果越好，且活性炭吸附的水分和有机污染物等组分是微波的良好吸收体。可见，活性炭用量会影响本实验对沤麻废水的处理效果。

（3）微波辐照功率。从废水方面考虑，根据相关文献介绍，不同的微波辐照功率所引起的水的过热温度存在差异，且沸石存在与否也会对水的过热现象产生影响。见表 6-5。

表 6-5　微波辐照功率与水的过热温度

微波阴极电/mA	50		100		150		200	
有无沸石	有	无	有	无	有	无	有	无
沸腾温度/℃	97	96	98	102	107	105	103	107
过热温度/℃	2	5	4	8	9	11	9	13

从活性炭方面考虑，随着微波辐照功率的改变，活性炭吸附组分有效吸收微波能的程度越高，相应的活性炭表面的"热点"也发生改变，进而也会影响对废水的处理效果。

（4）微波辐照时间。随着微波辐照时间的改变，微波能量的聚集也发生着变化，即作用于废水的微波能量发生改变，显然微波辐照时间应该作为实验研究的一个因素。

实验装置如图 6-2 所示，实验设备比较简单，易于搭建，是由微波炉、500mL 锥形瓶、蛇形冷凝管（长度为 30～50cm）搭建而成。进行沤麻废水处理时，将盛有一定量活性炭和待处理沤麻废水的锥形瓶置于微波炉中，设置好微波

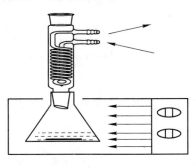

图 6-2　实验装置图

辐照时间和微波辐照功率，即可对废水进行处理。

由于玻璃对于微波来说属于绝缘体，所以这里选择实验室常用的锥形瓶作为反应器。需要注意的是，放入锥形瓶内的废水量需要严格控制，因为水和活性炭吸附的有机污染物组分都是吸收微波的物质。当微波辐射锥形瓶内废水和活性炭时，一方面废水本身升温速度很快，另一方面活性炭吸附的有机污染物组分作为微波吸收材料，受微波辐射后，温度急剧上升，产生"热点"，"热点"周围的废水升温速度甚至更快，于是大量的废水一瞬间变作水蒸气，蛇形冷凝管极有可能无法将这些水蒸气都进行冷凝，导致大量水蒸气溢出，影响实验处理效果。

6.1.5 活性炭-微波协同处理沤麻废水的工艺流程与检验指标

活性炭-微波协同处理沤麻废水的工艺流程如图6-3所示。

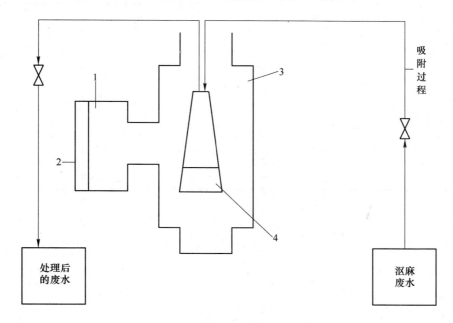

图6-3 工艺流程

1—微波发生器；2—控制系统；3—微波能应用器；4—活性炭与沤麻废水

本实验所选沤麻废水处理效果检验指标是：沤麻废水中 COD 的去除率和废水处理前后 pH 值的变化情况。

6.2 三种沤麻废水处理实验

6.2.1 活性炭对沤麻废水的吸附

实验方法是分别取统一型号大小的锥形瓶若干个，标号为 1 号、2 号、3 号、

4 号……接着量取和锥形瓶个数同样份数的沤麻废水（经稀释，废水 COD =
847mg/L）各 100mL，然后将这些沤麻废水依次倒入上述锥形瓶内。最后称取和
锥形瓶个数同样份数的活性炭，各份均为 9g，并将这些活性炭依次倒入上述锥形
瓶内，进行活性炭对沤麻废水的吸附实验。其中吸附时间按照 1 号、2 号、3 号、
4 号……的顺序，依次为 20min、40min、60min……测定吸附后的每份沤麻废水
的 COD，直至 COD 达到麻纺工业废水排放标准为止（麻纺工业废水排放标准为：
COD≤100mg/L）。实验结果见表 6-6 和图 6-4。

表 6-6 活性炭吸附沤麻废水后 COD 变化

活性炭吸附时间/min	废水 COD/mg·L^{-1}	去除率/%
0	847	0
20	570	32.7
40	419	50.8
60	367	56.7
80	297	64.9
100	157	81.5
120	109	87.1
140	86	89.8

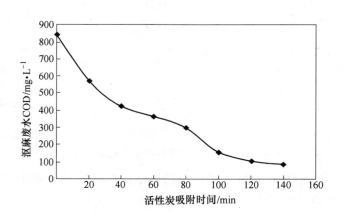

图 6-4 活性炭吸附沤麻废水后 COD 变化

从图 6-4 可以看出，随着吸附时间的延长，沤麻废水 COD 是不断降低的，
至活性炭吸附沤麻废水 140min 时，沤麻废水 COD 降至 86mg/L（<100mg/L），符

合麻纺工业废水排放标准的排放要求。

根据活性炭吸附速率计算公式：

$$v = \frac{V(C_0 - C_t)}{mt} \tag{6-4}$$

式中　v——t 时间内平均吸附速度，mg/(g·min)；

$\quad\quad t$——取样时间，min；

$\quad\quad V$——试样体积，L；

$\quad\quad C_0$——吸附质初浓度，mg/L；

$\quad\quad C_t$——时间 t 时取样测定的残余浓度，mg/L。

活性炭对沤麻废水的吸附速度可以用图 6-4 中曲线的斜率表示。可以看出，活性炭对沤麻废水的吸附速率比较低。分析原因可能是：沤麻废水中主要污染物是悬浮物、胶体及溶解性有机物，同时还有相当含量的难生物降解的物质，如纤维素、半纤维素、木质素、单宁等。单从这些化合物的分子结构分析，纤维素、半纤维素均属于多糖类物质，而木质素为芳香族高分子化合物，单宁为多酚中高度聚合的化合物，皆为活性炭不易吸附的物质，沤麻废水中胶体有机物也属于活性炭难于吸附的有机物，所以实验结果如图 6-4 所展示的：活性炭对沤麻废水中有机污染物吸附速率较低。

6.2.2　微波单独辐照处理沤麻废水

微波单独辐照处理沤麻废水的实验条件是：废水 pH 值为 2.0，沤麻废水体积为 50mL，微波辐照功率为 320W，微波辐照时间为 10min。实验结果如图 6-5 所示。

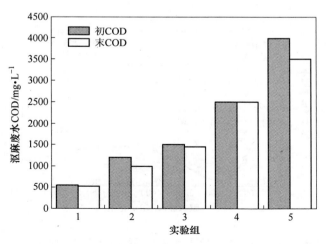

图 6-5　微波单独辐照沤麻废水 COD 值的变化

从图 6-5 可以看出，当微波单独辐照处理沤麻废水时，沤麻废水处理前后 COD 的变化并不大，也即微波单独辐照处理一定污染程度的沤麻废水时，废水处理效果并不理想。分析原因是：水具有永久偶极矩，在交变场中能发生偶极弛豫，在体系内部直接引起微波能的损耗。显然，这种能量的转化效率远远高于热传导。当热体的饱和蒸汽压等于外界大气压时，液体开始沸腾，并有大量的物质蒸发到气相中。由于蒸发量需要消耗大量的热能，此时体系的温度将不再上升，即液体水有一个固定的沸点。

从表 6-7 中可以看出，微波单独辐照处理沤麻废水时，由于水溶液中温度不算很高，沤麻废水中有机污染物温度无法达到其降解的温度，因此废水 COD 的去除率不高。

表 6-7　溶剂水在不同加热方式下的过热现象及物理参数

溶　剂	沸点/℃	微波辐照 T_m/℃	电炉加热 T_c/℃	$\Delta T(= T_m - T_c)$ /℃	相对介电常数	偶极矩 /C·m
H_2O	94	107	94	13	78.3	6.2

6.2.3　活性炭-微波协同处理沤麻废水

本实验方法的确定是通过两个对比实验得到的：第一组，用微波直接辐射沤麻废水；第二组，微波辐射活性炭和沤麻废水体系。分别对两组实验沤麻废水处理前后的 COD 值和 pH 值进行考查，从而确定最佳的反应方式。实验条件是：废水 pH 值为 2.0，物料比为 1∶10(即活性炭用量∶沤麻废水体积 = 5g∶50mL)，微波辐照功率为 320W，微波辐照时间为 10min。实验结果见表 6-8 和图 6-6。

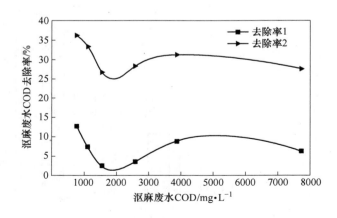

图 6-6　两种实验方法对污染程度相同的沤麻废水处理效果的比较

去除率 1—微波直接辐照废水所得去除率；去除率 2—微波辐照活性炭和沤麻废水体系

表6-8 两种实验方法对污染程度相同的沤麻废水处理效果比较

初 COD/mg · L⁻¹	去除率1/%	去除率2/%	初 COD/mg · L⁻¹	去除率1/%	去除率2/%
773	12.9	36.2	2577	3.7	28.2
1104	7.4	33.4	3865	8.8	31.2
1546	2.5	26.8	7731	6.4	27.6

由图6-6可以看出，第二种反应方式对沤麻废水的处理效果更好，即先用活性炭吸附沤麻废水20min，再将活性炭和沤麻废水吸附体系一起置于微波炉中辐照处理。因此本实验所选择的实验方法是第二种反应方式。

两种实验方法对污染程度相同的沤麻废水 pH 值的影响见表6-9和图6-7。

表6-9 两种实验方法对污染程度相同的沤麻废水 pH 值的改变比较

初 COD/mg · L⁻¹	初 pH 值	末 pH 值 1	末 pH 值 2
773	2.0	1.9	1.7
1104	2.0	1.9	1.7
1546	2.0	1.9	1.9
2577	2.0	1.9	1.9
3865	2.0	1.9	1.9

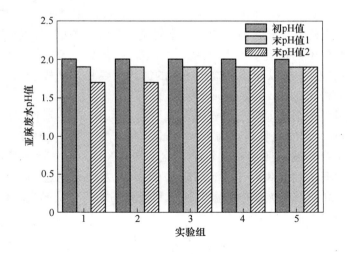

图6-7 两种反应方式对沤麻废水 pH 值的影响

由图6-7可以看出，两种反应方式对沤麻废水 pH 值的改变不大。根据所学知识，我们知道溶液中 pH 值的不同表示的是溶液中 H^+ 的浓度不同。从活性炭角度[121]分析，活性炭对水中的 H^+、Cl^-、Na^+、K^+ 等离子都不能吸附。活性炭的吸附是一种界面现象，活性炭是有很大比表面积的多孔固相物质。当活性炭与液体接触时，引起活性炭固体表面上的分子受力不平衡，即活性炭表面上的分子此时受到 3 个方向的力，而活性炭内部分子则受到 4 个方向的力，这种受力的不平衡促使活性炭表面有吸附外界分子到其表面的能力。当液体中物质被吸附到活性炭表面时，也即引起了活性炭表面的表面能降低。而 H^+ 不能引起活性炭表面的表面能的降低。从微波方面[122]分析：从微波加热的两种机理离子传导和偶极子转动可以看出，微波加热关键在于引起介质分子的极化状态，对于单独的 H^+ 来说，显然不存在极化状态。从沤麻废水角度分析：沤麻废水中大部分污染物是大分子有机污染物，在不能达到其氧化降解温度时，主要靠活性炭吸附，显然不能改变废水中 H^+ 浓度，而即便是经过微波加热废水中有机污染物达到了分解温度，其分解的最终产物也即为某些低碳有机物（醇、酚、羧基酸等）或者 CO_2 和 H_2O，这些低碳有机物本身的酸性都不强，另外 CO_2 溶于水产生碳酸，但由于碳酸电解常数很小，所以也只能对废水 pH 值产生一定的影响。综合来讲，有机污染物的分解也不能很好地改变废水的 pH 值。所以本实验方法不能引起废水 pH 值很大的改变。

6.2.3.1　活性炭-微波协同处理沤麻废水单因素考查

A　微波辐照功率对废水处理效果的影响

（1）理论基础。微波加热的最终结果是将微波电磁能转变为热能。而能量是通过介质以电磁波形式进行传递的。不管是何种加热方式，对物质的加热过程都与物质内部分子的极化有密切关系。由于微波交变电场振动一周的时间约在 $10^{-12} \sim 10^{-9}$s 之间，所以介质在微波场中的加热主要是靠偶极子转向极化（取向极化）和界面极化（Maxwell-wapner 极化）。

（2）实验结果分析。实验所选微波辐照时间为 10min，活性炭质量为 7g，废水体积为 50mL，即实验物料比为 7g∶50mL，沤麻废水初始 pH 值为 2。从图 6-8 中可以看出随着微波辐照功率的增加，沤麻废水 COD 的去除率是不断增大的，当微波辐照功率达到 528W 时，沤麻废水 COD 的去除率也达到了最大值。分析其原因是因为介质在微波场中的温升速率和微波在加热介质的过程中所耗散的功率有这样一种关系：

$$P = \frac{MC_p(T - T_0)}{t} \tag{6-5}$$

式中　P——功率，kJ/s；

　　　M——介质的质量，kg；

　　　C_p——介质的比热容，kJ/（℃·kg）；

T_0——始温，℃；

t——时间，s。

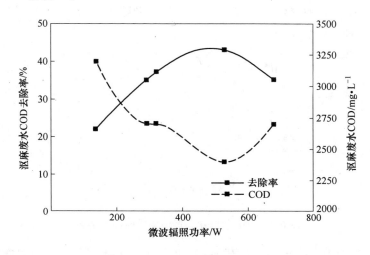

图 6-8 COD 去除率与微波辐照功率的关系

从这个关系式中可以看出，随着微波辐照功率的增加，锥形瓶内的吸热体包括水以及废水中的有机污染物等的升温速度是不断增大的。因为活性炭吸附的有机污染物和水能够吸收微波能，通过传热作用，活性炭温度也随之升高。活性炭温度的升高，导致活性炭的吸附性能不断扩大，即活性炭对沤麻废水的吸附量逐渐增加。因为活性炭对有机物的吸附容量是温度和水中有机物浓度的函数，当足够大的微波辐照功率使得活性炭的温度到达某一值时，对应的有机物浓度达到其平衡浓度，此时沤麻废水的 COD 去除率达到最大值。当微波功率升至大于 528W，活性炭对沤麻废水不再处于吸附状态，转而成为解吸状态，所以对于沤麻废水的处理效果又处于减小的趋势。综合考查，选择微波功率 528W 作为实验的研究条件。

B 微波辐照时间对废水处理效果的影响

实验所选微波辐照功率为 528W，活性炭质量为 7g，废水体积为 50mL，即实验物料比为 7g∶50mL，沤麻废水初始 pH 值为 2。实验结果如图 6-9 所示。

当活性炭用量不变时，用一定功率的微波辐照活性炭，吸收微波能的活性炭的活性中心数目也是相同的。在活性中心数目相同的情况下，随着微波辐照时间的延长，越来越多的活性炭中心被激发，进而引起活性炭吸附性能的变化，即活性炭与沤麻废水中有机污染物处于吸附和被吸附状态。同时随着微波辐照时间的延长，由于活性炭活性中心的不断增多，活性炭温度也不断升高，此时对于活性

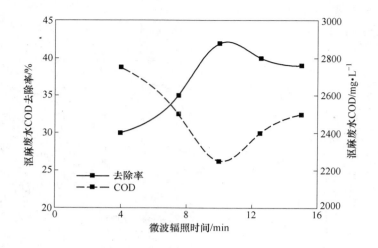

图 6-9 COD 去除率与微波辐照时间的关系

炭吸附沤麻废水中有机污染物是有利的。但随着时间的延长，活性炭的温升速率降低，直至温度不再升高。这时，活性炭的吸附过程结束，转而进入对沤麻废水中有机污染物的解吸状态，吸附效果降低。由实验结果可以得出，微波时间最佳为 10min。

C　活性炭用量对废水处理效果的影响

实验所选微波辐照功率为 528W，微波辐照时间 10min，活性炭质量为 7g，废水体积为 50mL，即实验物料比为 7g：50mL，沤麻废水初始 pH 值为 2。实验结果如图 6-10 所示。

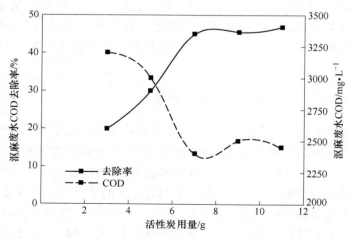

图 6-10　COD 去除率与活性炭用量的关系

所考查 4 个因素中，其他 3 个都固定时，随着活性炭用量的增加，实验对沤麻废水处理效果也是不断提高的。究其原因是：

（1）所取沤麻废水的体积数是不变的，按照 COD 的定义可知，沤麻废水中总 COD 是不变的。

（2）活性炭对废水的吸附效果是随着活性炭量的增加不断提高的。用更多量的活性炭吸附相同体积的沤麻废水，吸附时间相同的情况下，对沤麻废水处理效果越好。

（3）由于活性炭活性中心的存在，微波辐照情况下，在活性炭活性中心温度更高。经研究[123]，在微波场中，活性炭利用吸收的有效微波能，将其处于高温状态的活性中心作为能够传导热量的"热点"，这些"热点"的能量比其他部分高得多，温度可达到 1000℃ 以上，当废水中的有机物被吸附到这些热点附近时就可能被催化氧化而降解。

从图 6-10 可以看出，当活性炭质量超过 7g，实验对沤麻废水中 COD 的去除率增长速率减小。分析原因是：在微波辐照功率不变的情况下，随着活性炭质量的增加，活性炭的温升速率是减小的，也即对于某些有机污染物来说，其氧化降解的温度不能及时地达到，因此无法对该有机污染物催化降解，最终沤麻废水的 COD 去除率增长速率减小。所以实验考虑选取最佳活性炭用量为 7g。

D 废水 pH 值对废水处理效果的影响

实验所选微波辐照功率为 528W，微波辐照时间为 13min，活性炭质量为 7g，废水体积为 50mL，即实验物料比为 7g：50mL，考查废水 pH 值对废水处理效果的影响。实验结果如图 6-11 所示。

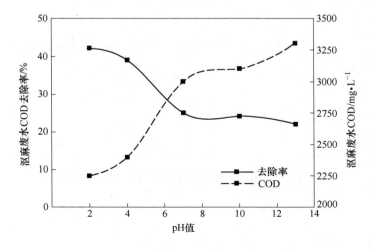

图 6-11 COD 去除率与废水初始 pH 值的关系

从图 6-11 可以看出，随着沤麻废水 pH 值的升高，废水 COD 去除率不断降低。当废水 pH 值为 1 ~ 3 时，在以上条件下，该方法对废水的处理效果最好，且实验处理效果变化不大。从经济角度考虑，沤麻废水 pH 值选定为 3。微波加热是利用介质的介电损耗而发热，在极短的时间内使介质分子达到极化状态，加剧分子的运动与碰撞。由于电磁能量是以波的形式辐射到介质内部，内外同时加热，加热无滞后效应，所以体系受热均匀[8]，且微波对物质的加热效果不因物质酸碱度的变化而变化。而活性炭对废水的吸附受废水 pH 值的影响。沤麻废水中腐殖质类物质多，而活性炭对腐殖质类物质的吸附在酸性条件下其吸附量会上升 2 ~ 4 倍[124]。所以在后续的反应中，选择在沤麻废水 pH 值为 2 作为处理的条件。

E   结论

（1）活性炭-微波协同处理沤麻废水的最佳处理工艺条件是：微波辐照功率528W、微波辐照时间 10min、活性炭质量 7g、废水 pH 值为 2。

（2）从对该污染程度的沤麻废水处理效果可以看出，实验的结果并不理想。由于本实验所采用的处理沤麻废水的方法至今未见文献报道，本章旨在大量阅读废水处理相关文献的基础上，利用这种最新方法探讨沤麻废水处理方法。

6.2.3.2   正交实验和验证实验

A   正交实验

依据前面实验的研究，选取的考查因素仍为微波辐照功率、微波辐照时间、活性炭用量和废水 pH 值。正交实验的因素水平见表 6-10，正交实验结果见表 6-11，正交实验极差分析见表 6-12。

表 6-10   COD 去除率影响因素 $L_9(3^4)$ 正交实验因素水平表

因素 水平	微波功率/W	微波辐照时间/min	活性炭用量/g	废水初始 pH 值
1	320	7	5	1
2	528	10	7	2
3	680	13	9	3

表 6-11   沤麻废水去除率影响因素 $L_9(3^4)$ 正交实验结果

序号	微波辐照功率 /W	微波辐照时间 /min	活性炭用量/g	废水初始 pH 值	COD 去除率 η/%
1	320	7	5	1	49.4
2	320	10	7	2	54.5

续表6-11

序 号	微波辐照功率/W	微波辐照时间/min	活性炭用量/g	废水初始 pH 值	COD 去除率 η/%
3	320	13	9	3	55.8
4	528	7	7	3	50.9
5	528	10	9	1	15.5
6	528	13	5	2	53.3
7	680	7	9	2	53.1
8	680	10	5	3	50.4
9	680	13	7	1	52.8

表6-12 废水 COD 去除率影响因素 $L_9(3^4)$ 正交实验极差分析

因素 水平	微波功率/W		辐照时间/min		活性炭量/g		废水初始 pH 值	
	K_1	$\overline{K_1}$	K_2	$\overline{K_2}$	K_3	$\overline{K_3}$	K_4	$\overline{K_4}$
1	159.7	53.2	153.2	51.1	153.1	51.0	117.7	39.2
2	119.7	39.9	120.4	40.1	158.2	52.7	160.9	53.6
3	156.3	52.1	161.9	54.0	124.4	41.5	157.1	52.4
R	13.3		13.9		11.2		14.4	

四因素与废水 COD 去除率的关系如图 6-12 所示。

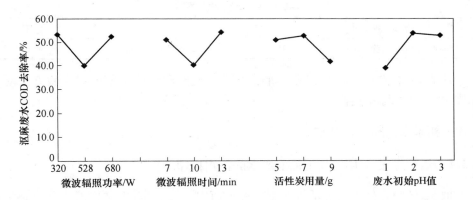

图 6-12 四因素与废水 COD 去除率关系图——趋势图

从正交实验直观分析可得：

（1）微波辐照功率、微波辐照时间、活性炭用量、废水初始 pH 值四个因素对苘麻废水 COD 去除率的影响顺序是：废水初始 pH 值 > 微波辐照时间 > 微波辐照功率 > 活性炭用量。

（2）各因素对沤麻废水 COD 去除率的影响规律分别为：在酸性范围内，废水初始 pH 值对沤麻废水 COD 去除率的影响是先增大后减小；微波辐照时间和微波辐照功率对沤麻废水 COD 去除率存在一个最小值，影响趋势差不多，都是先减小后增大；活性炭用量对沤麻废水 COD 去除率的影响不显著。

（3）如果只是以沤麻废水 COD 去除率为考查指标，正交实验所得的最佳工艺条件是：废水初始 pH 值为 2、微波辐照时间为 13min、微波辐照功率为 320W、活性炭用量为 7g。

B 验证实验

因为正交实验与单因素实验所得最佳实验工艺有出入，所以二者得到的数据有所不同。用单因素实验确定的最佳处理工艺条件为：微波辐照功率 528W、微波辐照时间 10min、活性炭用量 7g、废水初始 pH 值为 2，得到的数据见表 6-13。

表 6-13　单因素验证实验

实验组数	1	2	3	均 值
沤麻废水 COD 去除率/%	45.3	49.5	46.9	47.2

而采用正交实验所确定的最佳实验方案为：微波辐照功率 320W、微波辐照时间 13min、活性炭用量 7g、废水初始 pH 值为 2、沤麻废水，得到的数据见表 6-14。

表 6-14　正交验证实验

实验组数	1	2	3	均 值
沤麻废水 COD 去除率/%	54.9	53.3	55.60	54.6

从表 6-13 和表 6-14 可以看出来，通过正交实验所确定的最优实验方案对沤麻废水 COD 去除率更高。

6.3　实验机理与动力学

6.3.1　活性炭-微波协同处理沤麻废水的作用机理

取 5g 已净化处理后的活性炭置于锥形瓶中，加入 50mL 的沤麻废水，在室温下用磁力搅拌振荡，进行活性炭单独吸附沤麻废水的研究实验；另外取 5g 同样净化处理后的实验用活性炭于锥形瓶中，加入 50mL 沤麻废水，进行微波辐照处理，微波辐照功率为 528W。实验结果如图 6-13 所示。

由图 6-13 可知，活性炭-微波协同处理沤麻废水的 COD 去除率明显优于活性炭单独吸附法的 COD 去除率。这说明，活性炭-微波协同处理沤麻废水过程中，微波辐照对沤麻废水的氧化效果是非常重要的。沤麻废水中的有机污染物不仅仅

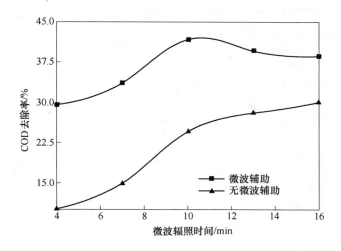

图 6-13 活性炭-微波辐照与活性炭常温振荡吸附处理沤麻废水

是通过活性炭的吸附去除的，更重要的是通过活性炭-微波协同作用去除的，这里的微波辐照的作用主要是诱导氧化。在微波场中，活性炭能够有效地吸收微波能量，使得活性炭表面产生一些"热点"。这些"热点"的能量比反应体系中其他部分高很多，温度甚至可以达到1000℃以上，当沤麻废水中的有机污染物被活性炭吸附到这些"热点"附近时就极有可能被催化氧化而降解。

从微波单独辐照处理沤麻废水的实验研究中可以看到，当微波单独处理沤麻废水时，废水 COD 值几乎没有变化，这也进一步说明了上述理论，即只有当活性炭和微波辐照同时存在时，微波才能发挥其诱导氧化作用。单独的活性炭吸附和单独的微波辐照对于沤麻废水的处理效果都是不理想的。

6.3.2 活性炭-微波协同处理沤麻废水的反应动力学

反应级数确定数据见表 6-15。

表 6-15 反应级数确定数据表

微波辐照时间 t/min	COD/mg·L^{-1}	去除率 η/%	lnCOD$_\text{末}$	$\dfrac{1}{\text{COD}_\text{末}}$
4	2954	29.5	7.990915	0.0003385
7	2778	33.7	7.929487	0.0003600
10	2444	41.7	7.801391	0.0004092
13	2534	39.6	7.837554	0.0003946
16	2573	38.6	7.852828	0.0003887

注：COD$_\text{末}$ 是指经活性炭-微波协同处理后沤麻废水的 COD。

将表6-15中的数据分别按照零级、一级、二级反应应用最小二乘法进行曲线拟合可以得到图6-14～图6-16。

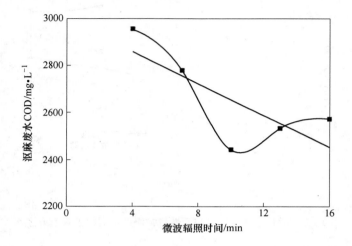

图6-14 零级反应验证图

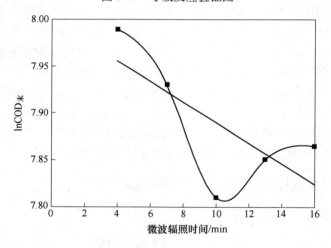

图6-15 一级反应验证图

零级反应曲线拟合如图6-14所示，拟合线性方程为：

$$y = -33.533x + 2991.9 \tag{6-6}$$

相关系数为：

$$R^2 = 0.5939 \tag{6-7}$$

一级反应曲线拟合如图6-15所示，拟合线性方程为：

$$y = -0.0123x + 8.0051 \quad (6-8)$$

相关系数为:

$$R^2 = 0.5781 \quad (6-9)$$

二级反应曲线拟合如图 6-16 所示,拟合线性方程为:

$$y = 4.5e^{-6}x + 0.0003 \quad (6-10)$$

相关系数为:

$$R^2 = 0.5612 \quad (6-11)$$

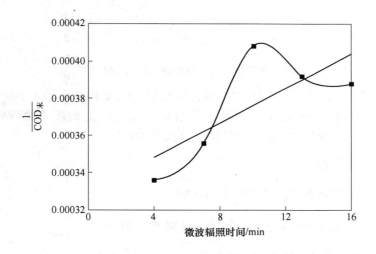

图 6-16　二级反应验证图

从图 6-14 ~ 图 6-16 可以看出,从反应动力学角度分析,本实验 COD 的去除率对于零级反应、一级反应、二级反应趋向性都不算很好,只是更接近于一级反应。分析认为,由于本实验所处理洵麻废水成分复杂,废水中各有机污染物的物化性质各异,当采用活性炭-微波协同处理洵麻废水时,无法统一地将实验的反应动力学反映出来,但可以知道本实验反应动力学比较复杂,不是简单的零级、一级、二级反应所能表达出的。

现绘制微波辐照时间与废水处理后 COD 值的关系曲线,如图 6-17 所示,并进行多项式拟合,研究反应动力学。

多项式拟合曲线如图 6-17 所示,拟合方程为:

$$y = 6.7778x^2 - 169.09x + 3547.7 \quad (6-12)$$

相关系数为:

$$R^2 = 0.8996 \quad (6-13)$$

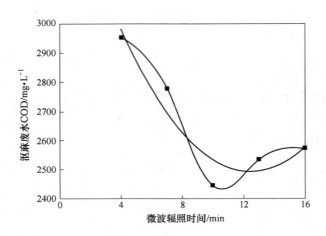

图 6-17   微波辐照时间与处理后废水 COD 的关系

从图 6-17 可以看出，活性炭-微波协同处理沤麻废水的反应动力学十分复杂，当微波辐照时间为 10min 时，处理后废水 COD 最低，此时废水处理效果最好，此后随着微波辐照时间的延长，废水 COD 反而增加。

6.4   再生活性炭

6.4.1   操作条件对活性炭再生效果的影响

6.4.1.1   乙醇体积分数对活性炭再生效果的影响

乙醇体积分数对活性炭再生效果的影响如图 6-18 所示。

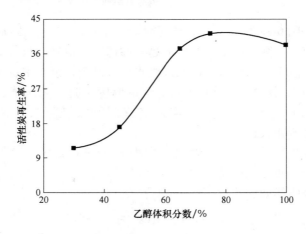

图 6-18   活性炭再生率与乙醇体积分数的关系

从图 6-18 可以看出，在实验所研究的 5 个因素中，其余 4 个固定，只改变乙醇的体积分数，得出当乙醇体积分数为 70% 时，微波萃取法再生活性炭对沤麻废水中有机污染物的吸附量最大。由于活性炭的吸附反应是放热过程，当微波辐照引起活性炭温度升高时，活性炭吸附的有机污染物克服范德华力，从活性炭表面脱附下来。而有机污染物在乙醇中的溶解度也会随着温度和乙醇浓度的变化发生相应的变化。由于沤麻废水中有机污染物成分复杂，因此这里把活性炭所吸附的沤麻废水中的有机污染物物种的综合假设为一种新有机物，这种有机物具有活性炭所吸附的沤麻废水中的有机污染物的性质。随温度的改变，这种有机污染物在乙醇的溶解度也呈现一定的变化。最终所体现的结果便是：在微波场中，通过改变乙醇体积分数，该有机物在乙醇中的溶解度是先增大后下降的。当乙醇体积分数为 70% 时，该有机污染物的乙醇中的溶解度最大，当乙醇的体积分数大于70% 时，其在乙醇中的溶解度降低。

6.4.1.2　微波辐照（微波辐照功率和微波辐照时间）对活性炭再生效果的影响

微波辐照对活性炭再生效果的影响如图 6-19 和图 6-20 所示。

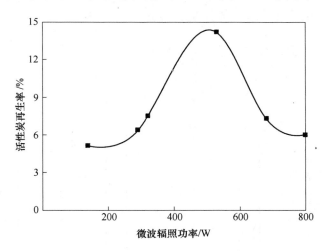

图 6-19　活性炭再生率与微波辐照功率的关系

由图 6-19 和图 6-20 可以看出，无论是微波的辐照功率还是微波辐照时间的增加，都可以提高微波辐照体系的温度。而温度的升高必然导致活性炭表面上吸附的有机污染物加速脱附，最终脱附下来的有机物溶解在乙醇溶液中，活性炭得到再生。从实验数据可以看出，对于微波辐照的条件并不是辐照功率越大或者是辐照时间越长越好，最佳的微波辐照条件是：微波辐照功率 528W、微波辐照时间 7min。

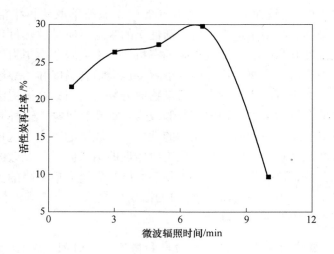

图 6-20 活性炭再生率与微波辐照时间的关系

6.4.1.3 不同物料比对活性炭再生效果的影响

不同物料比对活性炭再生效果的影响如图 6-21 所示。

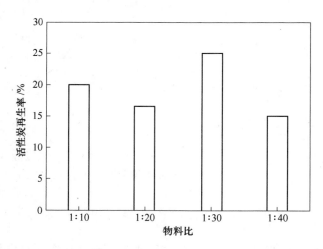

图 6-21 活性炭再生率与物料比的关系

不同的物料比对应的溶解力是不同的。在微波萃取的过程中，乙醇量的增加可以增加其对有机物的溶解度。但是当活性炭的量超过了某一限度，乙醇的加入量便无法完全溶解活性炭上脱附的有机物，此时乙醇溶液中有机物和吸附到活性炭表面的有机物存在浓度差，结果就导致活性炭对有机物的再次吸附。进而使得活性炭的再生率下降。由图6-21可以看出，最佳的物料比为1：30。

通过对微波萃取法再生活性炭的单因素实验研究，可以确定实验最佳方案为：微波辐照时间7min、乙醇体积分数70%、物料比1：30、微波辐照功率528W。

6.4.2 正交实验

活性炭再生率影响因素$L_9(3^4)$正交实验因素水平见表6-16，正交实验结果见表6-17，正交实验极差分析见表6-18。各因素趋势图如图6-22所示。

表6-16 活性炭再生率影响因素$L_9(3^4)$正交实验因素水平表

水 平 \ 因 素	微波辐照时间/min	乙醇体积分数/%	物料比	微波功率/W
1	6	65	1：20	459
2	7	70	1：30	528
3	8	75	1：35	579

表6-17 活性炭再生率影响因素$L_9(3^4)$正交实验结果

序 号	微波辐照时间/min	乙醇体积分数/%	物料比	微波辐照功率/W	活性炭再生率/%
1	6	65	1：20	459	47.8
2	6	70	1：30	528	23.15
3	6	75	1：35	579	33.18
4	7	65	1：30	579	51.34
5	7	70	1：35	459	22.38
6	7	75	1：20	528	29.56
7	8	65	1：35	528	16.3
8	8	70	1：20	579	13.63
9	8	75	1：30	459	20.83

表 6-18 活性炭再生率影响因素 $L_9(3^4)$ 正交实验极差分析表

因素 水平	辐照时间/min		乙醇体积分数/%		物料比		微波功率/W	
	K_1	$\overline{K_1}$	K_2	$\overline{K_2}$	K_3	$\overline{K_3}$	K_4	$\overline{K_4}$
1	104.13	34.71	115.44	38.48	90.99	30.33	91.01	30.34
2	103.28	34.43	59.16	19.72	95.32	31.77	69.01	23.00
3	50.76	16.92	83.57	27.86	71.86	23.95	98.15	37.72
R	17.79		18.76		7.82		9.72	

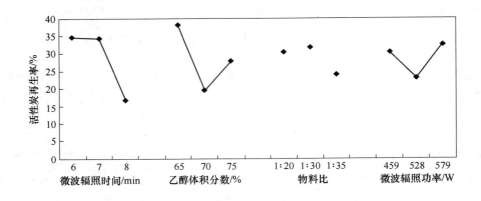

图 6-22 各因素趋势图

从正交实验及其结果分析表中可以得出如下结论：

（1）在微波辐照时间、乙醇体积分数、物料比、微波辐照功率 4 个因素中，对活性炭再生率影响顺序为：乙醇体积分数 > 微波辐照时间 > 微波辐照功率 > 物料比。

（2）从图 6-22 可以分析得出：随着微波辐照时间和物料比（活性炭质量：乙醇体积）的增大，活性炭的再生率是减小的，而随着乙醇体积分数和微波辐照功率的增加，活性炭的再生率是增大的。

（3）以本实验活性炭的再生率为考查指标，通过正交实验得出的最佳工艺条件是：乙醇体积分数 65%、微波辐照时间 6min、微波辐照功率 579W、物料比 1:30。活性炭再生率为 51.58%。

6.4.3 微波加热-溶剂萃取法再生活性炭的动力学

按照表 6-19 的反应条件再生活性炭，并作出图 6-23。

表6-19 微波辐照时间与活性炭再生率的关系

物料比	微波辐照时间/min	微波辐照功率/W	乙醇浓度/%	活性炭再生率/%
1:20	1	296	99	21.66
1:20	3	296	99	26.30
1:20	5	296	99	27.28
1:20	7	296	99	29.75
1:20	10	296	99	9.48

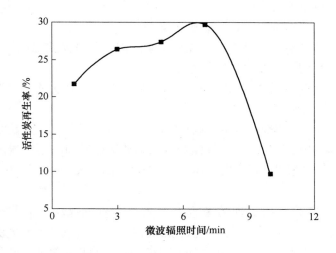

图6-23 微波辐照时间与活性炭再生率的关系

著名的菲克第二定律[125]指出，在非稳态扩散过程中，在距离 x 处，浓度随时间的变化率等于该处的扩散通量随距离变化率的负值。所以可以归结出非稳态扩散（Nonsteady-state diffusion）的特点是：在扩散过程中，扩散通量是随时间变化的。微波加热-溶剂萃取活性炭中有机污染物再生活性炭的研究，可以认为在微波和乙醇溶液作用下，有机污染物自活性炭内部扩散出来，溶解于乙醇溶液中。从图6-23可以看出，在一定条件下微波加热-溶剂萃取法再生活性炭具有明显的非稳态扩散特征。7min时活性炭的再生率最大。但由于热稳态的原因，7min后随着微波辐照时间的延长，活性炭的再生率逐渐减小。

6.5 本章小结

本章总共分为两部分实验，第一部分为活性炭-微波协同处理泗麻废水，这是本章研究内容的主体；第二部分是微波加热-溶剂萃取法再生活性炭，这是本章研究内容的关键。

（1）活性炭-微波协同处理沤麻废水的研究。

1）本章对温水沤麻废水的沤制过程进行了详细的研究，对沤麻废水 COD 的变化和 pH 值的变化两个方面作了细致的研究。实验结果表明：在废水沤制的第 4～5 天废水 COD 达到最大值，COD 值达到 10000mg/L 以上，为高污染有机废水；废水的 pH 值也随着时间的延长发生着变化，若不对亚麻进行浸提处理，废水的 pH 值将一直降低直至 4 为止。此时废水会散发出极其难闻的酸臭味。

2）经过对实验方法进行选择，确定了实验处理沤麻废水的具体步骤：

① 测定所取沤麻废水的 COD 值；

② 活性炭吸附沤麻废水中的有机污染物；

③ 将上述活性炭和沤麻废水一并置于微波炉内进行微波辐照；

④ 对处理后的沤麻废水进行抽滤处理；

⑤ 测定已处理的沤麻废水的 COD 值，并计算出 COD 去除率，进行沤麻废水处理效果的实验表征。

3）选取 COD 为 4000～5000mg/L 的沤麻废水分别进行单因素实验和正交实验研究，主要考查因素为：微波辐照功率、微波辐照时间、活性炭的用量和废水 pH 值。从实验结果可以看出，本实验对沤麻废水 COD 的去除率可以达到 54.6%。

4）通过对实验作用机理的考查，确定了活性炭-微波协同处理沤麻废水的作用机理为：沤麻废水中的有机污染物不仅仅是通过活性炭的吸附去除，更重要的是通过活性炭-微波协同作用去除的，这里的微波辐照的作用主要是诱导氧化。

5）通过反应动力学研究，得到的结论为：由于沤麻废水成分复杂，难以确定其反应动力学方程。

（2）微波加热-溶剂萃取法再生活性炭。

1）本部分实验利用微波作为热源、乙醇作为萃取剂。通过实验前的分析，确定了实验所要考查的 4 个因素：乙醇体积分数、微波辐照功率、微波辐照时间、物料比（活性炭质量：乙醇体积）。通过单因素法考查每个实验因素对活性炭再生率的影响，并选取这 4 个因素做了 $L_9(3^4)$ 正交实验，确定了实验因素的主次，即乙醇体积分数 > 微波辐照时间 > 微波辐照功率 > 物料比。实验确定的最优方案为：乙醇体积分数 65%、微波辐照时间 7min、微波辐照功率 579W、物料比 1：30。按照此实验方案所得活性炭的再生率为 51.58%。

2）通过实验数据分析，热再生法再生吸附过沤麻废水的活性炭的再生率并不理想。原因可能是沤麻废水中有机污染物纤维素、单宁、木质素等分子结构中—OCH_3、—OH等供电子基的存在影响了乙醇对活性炭的再生率，导致实验对活性炭的再生率偏低。

3）对微波加热-溶剂萃取法再生活性炭进行动力学研究，得出如下结论：在一定条件下微波热萃取再生活性炭具有明显的非稳态扩散特征。7min时活性炭的再生率最大。但由于热稳态的原因，7min后随着微波辐照时间的延长，活性炭的再生率逐渐减小。

7

吸附模型及模拟

7.1 非均相扩展 Langmuir 模型

由于概念清晰和计算简单，多组分 Langmuir 方程，即扩展 Langmuir 方程（EL）[126]，仍然是设计中使用最广泛的模型[127]。但是，该方程有两个重要缺点：

（1）当被吸附各组分的饱和吸附容量不同时，它是热力学不一致的[128]。而在实际体系中，饱和吸附容量总是不同的。

（2）在较宽的压力范围内，两参数的 Langmuir 方程对数据的拟合效果较差。当把这些参数用于混合物吸附时，也容易产生大的误差。

对第一个问题，白润生和 Yang 提出了区域吸附理论，解决了其热力学的一致性问题，提高了预测精度，并可应用于强非理想体系[129]。对第二个问题，Kapoor 等人提出了非均相扩展 Langmuir 模型（HEL）[130]。该模型的参数来自 Langmuir 方程的吸附能积分方程，即 Unilan 方程[131]。这是一个三参数方程，可很好地拟合单一气体的吸附实验数据。

HEL 模型虽然使用了具有更高精度的纯组分拟合参数，但仍然存在热力学的一致性问题。此外，该方程还有下列问题：一是不同组分吸附能之间的相互关系。白润生对此进行讨论，结果显示，吸附能之间的不同关联对吸附结果预测有重大影响[132]。二是拟合参数对计算结果的影响，特别是对其解析形式，解析非均相扩展 Langmuir 模型（AHEL）的影响。本文就这一问题展开讨论。

7.1.1 解析非均相扩展 Langmuir 模型

假定，在非均相表面上，纯组分的局部吸附等温线可用 Langmuir 方程来表述，并且吸附能分布近似均一分布，则其吸附能的积分形式，即 Unilan 吸附等温线方程为：

$$q = \frac{q_s}{2s} \ln \frac{1 + \bar{b}e^s p}{1 + \bar{b}e^{-s} p} \tag{7-1}$$

$$\bar{b} = b_0 \exp \frac{E_{max} + E_{min}}{2RT}$$

$$s = \frac{E_{max} - E_{min}}{2RT}$$

式中　q——组分吸附量，mol/kg；

　　　q_s——饱和吸附量，mol/kg；

　　　s——Unilan 常数；

　　　$\bar{b}$——常数，1/kPa；

　　　p——压力，kPa；

　　　b_0——在零吸附能水平下的亲和常数，1/kPa；

　　E_{max}——最大吸附能，J/mol；

　　E_{min}——最小吸附能，J/mol；

　　　R——气体常数，J/(mol·K)；

　　　T——温度，K。

通过重新定义 Unilan 参数，式（7-1）可改写为式（7-2）。

$$q = U_1 \ln\left(\frac{1 + U_2 p}{1 + U_3 p}\right) \tag{7-2}$$

$$U_1 = q_s \frac{RT}{E_{max} - E_{min}}$$

$$U_2 = b_0 \exp\frac{E_{max}}{RT}$$

$$U_3 = b_0 \exp\frac{E_{min}}{RT}$$

式中　U_1，U_2，U_3——Unilan 常数，mol/kg。

对气体混合物，以扩展 Langmuir 方程（EL）来表述局部吸附等温线，并假定各组分的吸附能分布相同，都为均一分布，则非均相扩展 Langmuir 方程（HEL）为：

$$q_i = \frac{q_{s,i}}{E_{max,i} - E_{min,i}} \int_{E_{min,i}}^{E_{max,i}} \frac{p_i b_{0,i} \exp\frac{E_i}{RT}}{1 + \sum_j p_j b_{0,j} \exp\frac{E_j}{RT}} \mathrm{d}E_i \quad (i,j = 1, \cdots, n) \tag{7-3}$$

式中　n——组分数。

为解式（7-3），还须确定被吸附组分间的吸附能关系和变化。一般假定吸附能关系为线性比例正相关，各组分的积分顺序相同，均为从低到高。当各组分间的吸附能变化也相同时，即有：

$$E_i - E_{min,i} = E_j - E_{min,j} \quad (i,j = 1, \cdots, n) \tag{7-4}$$

从式（7-3）可以导出分析解。积分式（7-3）并重排，得：

$$q_i = U_{1,i} \frac{U_{2,i} p_i}{\sum U_{2,j} p_j} \ln\left(\frac{1 + \sum U_{2,j} p_j}{1 + \sum U_{3,j} p_j}\right) \quad (i,j = 1, \cdots, n) \tag{7-5}$$

式（7-5）即为解析非均相扩展 Langmuir 方程（AHEL）[133]。该式适用于理想或近理想体系。当被吸附组分的饱和吸附容量不同时，它是热力学不一致的。

大量的计算表明，AHEL 方程的预测结果与 HEL 类似，要优于 EL[133]。其计算简单，可方便地应用于动力学过程数值模拟计算。

7.1.2　结果分析

数据采用 Kaul 的实验结果，为乙烯和乙烷及其混合物于 323.15K 下在分子筛（13×）上的吸附[134]。Unilan 参数及其回归误差列于表 7-1 中。乙烯的吸附参数采用 Valenzuela 和 Mayers 的数据[130]；对乙烷，除 Valenzuela 和 Mayers 的参数外，还有本章拟合的数据，这些数据有更小的拟合误差。

表 7-1　乙烯和乙烷及其混合物于 323.15K 下在分子筛（13×）上的吸附 Unilan 参数及其回归误差

参　数	$U_1/\mathrm{mol \cdot kg^{-1}}$	$U_2/\mathrm{kPa^{-1}}$	$U_3/\mathrm{kPa^{-1}}$	$q_s/\mathrm{mol \cdot kg^{-1}}$	$E_{max}/\mathrm{J \cdot mol^{-1}}$	Σe^2 ①
Ethylene	0.8048	0.40170	0.00894	3.0624	10223.4	0.0380
Ethane	1000	0.01251	0.01247	2.9617	8.6	0.3483
	100	0.01268	0.01231	2.9377	79.6	0.3415
	10	0.01443	0.01076	2.9347	788.5	0.3429
	5	0.01660	0.00921	2.9472	1582.8	0.3488
	2	0.02476	0.00547	3.0195	4056.7	0.3897
Valenzuela 和 Mayers	1.1563	0.04317	0.00322	3.0031	6974.0	0.5724

注：$E_{min} = 0$。

① $e = |q_{cal} - q_{exp}|$。

可以看出，乙烯实验数据的回归误差要小于乙烷。应该注意，这两种组分的饱和吸附容量几乎相等。因此，可以认为，对该双组分体系，AHEL 模型是热力学一致的。

从表 7-1 还可以观察到一个重要现象：当参数 $U_{1,\mathrm{Ethane}}$ 在一个宽广的范围内变化时，拟合误差变化并不明显，这些参数有近似的拟合精度，饱和吸附容量变化也很小。所以，虽然参数变化很大，热力学一致性条件并没有被破坏。

图 7-1 ~ 图 7-6 显示了乙烯和乙烷混合物的吸附情况，以及使用不同参数时 AHEL 模型的预测结果。可以看到，无论是组成变化图（图 7-1 ~ 图 7-3）还是总吸附量图（图 7-4 ~ 图 7-6），参数的影响是显著的。随 $U_{1,\mathrm{Ethane}}$ 增加，预测误差迅速增大，特别是在乙烯摩尔分数较小的情况下尤为明显。

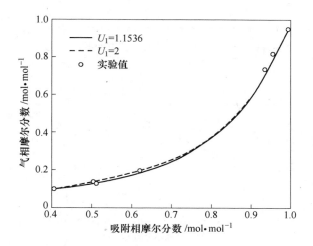

图 7-1 乙烯和乙烷及其混合物于 323.15K 下
在分子筛（13×）上摩尔分数 AHEL 预测图（一）

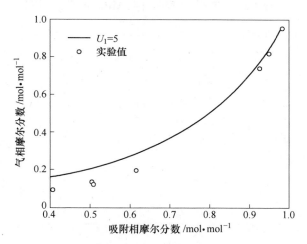

图 7-2 乙烯和乙烷及其混合物于 323.15K 下
在分子筛（13×）上摩尔分数 AHEL 预测图（二）

这就提出了 AHEL 模型的适应性问题。由于 HEL 模型并不产生类似的问题，所以，AHEL 的问题一定出在导出其分析解的假定，即不同组分的吸附能分布变化完全相等。事实上，根据式（7-2），在一定温度下，U_1 反比于最大吸附能（最小吸附能设定为零），即随吸附能增加而减少，这从表 7-1 可以看出。当不同组分的参数 U_1 相差大时，其对应的最大吸附能差别也大。在此情况下，导出 AHEL 模型的前提条件不再成立，因此，应用该模型就有可能产生大的误差。这

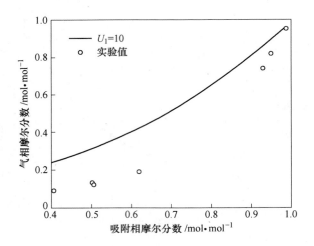

图 7-3 乙烯和乙烷及其混合物于 323.15K 下
在分子筛（13×）上摩尔分数 AHEL 预测图（三）

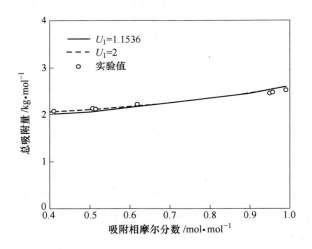

图 7-4 乙烯和乙烷及其混合物于 323.15K 下
在分子筛（13×）上总吸附量 AHEL 预测图（一）

一性质提示，只有当不同组分的最大吸附能或参数 U_1 相差不大时，用 AHEL 模型来预测气体混合物的吸附平衡才能取得好的结果。

例如，在表 7-1 数据中，Valenzuela 和 Mayers 拟合的乙烷吸附参数产生了最大的误差，而基于这些参数的 AHEL 模型预测结果却与实验数据符合得很好（见图 7-1 和图 7-4）。原因就在于，在 Valenzuela 和 Mayers 的数据中，组分乙烯和乙

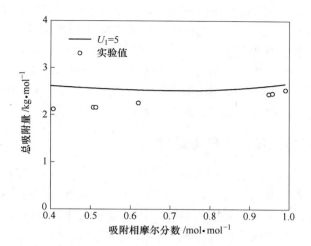

图 7-5　乙烯和乙烷及其混合物于 323.15K 下
在分子筛（13×）上总吸附量 AHEL 预测图（二）

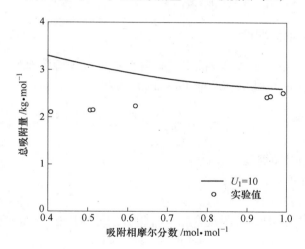

图 7-6　乙烯和乙烷及其混合物于 323.15K 下
在分子筛（13×）上总吸附量 AHEL 预测图（三）

烷的 U_1 参数相差不大。

　　基于纯气体的吸附等温线参数来预测混合物的吸附平衡，解析非均相扩展 Langmuir 模型（AHEL）的优点是计算简单，对理想或近理想体系，该模型的预测结果良好。但是，参数的选择要适当，有些不应差别太大，否则，即使这些参数能很好地拟合纯组分吸附等温线，且能满足混合物吸附模型的热力学一致性条件，即被吸附各组分的饱和吸附容量相等，也有可能使计算结果产生重大误差。

事实上，AHEL 模型并不要求不同组分的最大吸附能必须完全相等。在本研究的体系中，当 $U_{1, Ethane} = 2$ 时，乙烷的最大吸附能不到乙烯的一半，而 AHEL 的预测结果仍然与实验数据符合良好，其精度类似于 HEL。基于这组参数，在图7-1、图 7-4 上，AHEL 理论曲线与实验数据交叉。因此，模型和数据是相互一致的[135]。而当 $U_{1, Ethane} = 5$ 和 10 时（见图 7-2 和图 7-3，图 7-5 和图 7-6），乙烷和乙烯最大吸附能相差很大，此时，这种一致性就不再存在。

7.2 理想吸附溶液理论中的数值模拟

理想吸附溶液理论（Ideal Adsorbed Solution Theory，IAS 理论）[136] 是一种用于多组分气体吸附平衡的计算方法。近 20 年来，该理论得到了快速应用。由于理论上的完整性且不依赖于具体的单组分吸附等温线种类，IAS 正在变成一种通用模型，常用于与其他模型进行比较[137,138]。虽然该模型对单组分吸附等温线有灵活的选择性，但不是显式公式，需要大量的数值计算，包括数值积分。我们发现，IAS 理论对其所包含的数值积分要求很高，如按常规选取，将有可能带来数值计算误差。本节就这一问题进行讨论。

7.2.1 理想吸附溶液理论

IAS 理论基于热力学基础及假定吸附混合物形成理想混合物。它定义了一个简化的伸展压（Reduced Spreading Pressure）方程：

$$\pi_i^* = \frac{\pi_i A}{RT} = \int_0^{p_i} \frac{q_i}{p_i} \mathrm{d}p_i \tag{7-6}$$

式中　π^*——相对伸展压，mol/kg；

　　　π——伸展压，N/m；

　　　A——比表面积，m^2/kg。

当吸附达到平衡时，吸附混合物中各组分的伸展压相等，并等于各组分纯组分吸附时的伸展压，即

$$\pi_1^* = \pi_2^* = \cdots = \pi_n^* = \pi^* \tag{7-7}$$

对理想溶液，两相平衡服从拉乌尔定律：

$$p_i = x_i p_i^\ominus \tag{7-8}$$

式中　$p_i^\ominus$——标准态压力，由式（7-6）中的积分上限来确定；

　　　x——吸附相摩尔分数，%。

因为

$$\Sigma x_i = 1 \tag{7-9}$$

由式（7-8）可得：

$$\sum \frac{p_i}{p_i^{\ominus}} = 1 \tag{7-10}$$

吸附混合物的总吸附量为：

$$\frac{1}{q_{\text{T}}} = \sum \frac{x_i}{q_i^{\ominus}} \tag{7-11}$$

式中　q_{T}——总吸附量，mol/kg。

有关 IAS 理论的适用性问题也曾有过讨论。Richter 等人认为[138]，为了取得好的预测结果，应该选用对实验数据拟合精度高的单组分吸附等温线。两参数的 Langmuir 方程因拟合精度较低，不适合 IAS 理论，即使对甲烷和乙烷这样的近似理想体系。他们建议使用拟合精度较高的 D-R 方程：

$$q_i = q_{\text{s},i}\exp\left[- D_i\left(\ln \frac{p_i}{p_{\text{s},i}}\right)^2 \right] \tag{7-12}$$

式中　D——D-R 方程参数；

　　　p——组分压力，kPa；

　　　p_{s}——饱和态总压，kPa。

但对 D-R 方程，当压力趋于零时，q_i/p_i 在达到最大值后迅速下降。这就对式（7-6）中的数值积分精确计算带来困难，并由此可能影响计算的准确性。

7.2.2　结果和讨论

文献给出了甲烷、乙烷纯组分及其混合物在活性炭上的吸附平衡数据，并给出了拟合参数。这些参数用于本节的计算中。在计算程序中，所有的数据均采用了双精度，并排除了其他迭代变量误差对计算结果可能带来的影响。

首先，选一个数据点来观察方程（7-6）中积分误差对计算结果的影响。该数据点选择靠近实验数据的中间部分，甲烷和乙烷的分压分别为 900kPa 和 100kPa。结果见图 7-7，横坐标为积分误差的绝对值。可以看出，通常采用的误差值 10^{-4} 在该模型中导致预测结果出现了较大误差。直至误差降为 10^{-7} 时，计算结果才趋于稳定。

其次，计算积分误差对预测混合物吸附平衡数据的影响。结果基于混合物中各组分吸附量的预测值与实验值的平均相对误差：

$$E_{\text{r}} = \frac{1}{n}\sum_{i=1}^{n} \frac{|q_{\text{cal},i} - q_{\text{exp},i}|}{q_{\text{exp},i}} \times 100\% \tag{7-13}$$

式中　E_{r}——吸附量的平均相对误差，%；

n——数据点数；

q_{cal}——计算吸附量，mol/kg；

q_{exp}——实验吸附量，mol/kg。

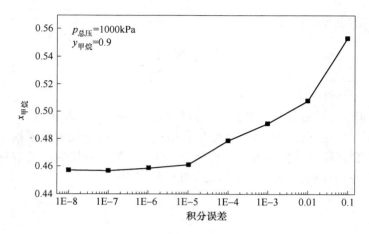

图 7-7　在一个数据点上积分误差对计算结果的影响

结果见表 7-2，当积分误差为 10^{-4} 时，计算结果与更精确的数值计算结果有明显不同，而且是变差。表 7-2 中，两种计算结果误差的绝对值似乎相差并不很大，但若是比较不同的模型，这样的差别却足以分出模型的优劣。

表 7-2　积分误差对全部数据平均相对误差的影响

积　分　误　差	10^{-4}	10^{-7}
$E_r/\%$	17.1	14.4

IAS 理论需要大量数值计算，包括数值积分。当以 D-R 方程作为纯组分吸附等温线时，该理论对数值积分的精度要求严格，需要达到 10^{-7}。如积分误差采用常用的 10^{-4}，则会带来明显的数值计算误差，可能使预测结果变坏。

7.3　本章小结

（1）AHEL 模型的合理应用与纯组分 Unilan 吸附等温线的参数有关，不仅吸附组分的饱和吸附容量应近似（这将满足热力学一致性条件），而且最大吸附能也不应相差太大，否则有可能产生大的误差。在本章研究的体系中，当两组分的最大吸附能相差一倍时，预测结果仍然能很好地符合实验数据；但当两者相差更大时，误差迅速增加，尽管这些参数拟合单组分吸附等温线很好而且体系也符合热力学一致性条件。

（2）理想吸附溶液理论不依赖于某种特定的单组分吸附等温线种类，因此有灵活的选择性。但该模型需要大量的数值计算，包括数值积分。本章结果表明，IAS 理论对涉及的数值积分要求严格。若选用 D-R 方程作为单组分吸附等温线，积分误差应达到 10^{-7}，否则将会带来数值误差，进而影响模型的预测准确性。

8

・◆◆◆◆◆・

结　束　语

8.1　研究成果和结论

（1）活性炭在微波场中的升温。GAC 在微波场中的升温可分为两个阶段：第一阶段升温较快，可用线性关系描述；第二阶段升温较慢，可用负指数函数描述，最终 GAC 床层温度趋于定值。因此解吸再生过程中如果要控制终温可通过调节微波功率来实现。

（2）阿莫西林生产废水的处理。第 4 章采用 3 种方法即单独活性炭吸附法、单独微波辐照法、活性炭-微波联用法对阿莫西林生产废水进行了处理研究，主要得出以下结论：

1）在活性炭单独吸附实验中，研究了阿莫西林生产废水进水浓度、pH 值、活性炭类型、吸附时间、用量 5 个因素对废水 COD 去除率的影响。结果表明，采用 250μm 的煤质活性炭 120g/L 与 pH 值为 6、COD 值为 900～1000mg/L 的废水混合，并在磁力搅拌作用下吸附 60min 的工艺条件下，废水 COD 的去除率达95.6%，出水 COD 值为 62.14mg/L。通过正交研究表明，各因素对处理效果的影响依次为：活性炭类型 > 吸附时间 > 活性炭用量 > 废水进水浓度。

2）对于单独微波法，微波能达不到破坏 C—C、C—H 等化学键所需的能量，因此用微波能单独对废水进行辐照时只是对溶液进行均匀加热，最高温度只有100℃左右，很难形成降解污染物的条件，COD 去除效果不明显。

3）活性炭-微波联用处理实验中，考查了进水浓度、pH 值、微波辐照功率、微波辐照时间、活性炭用量对阿莫西林生产废水 COD 去除率的影响，并按照 $L_{16}(4^5)$ 四因子四水平对该方法进行了正交实验，通过比较极差得出各因素对处理效果的影响大小顺序为：辐照时间 > 活性炭用量 > 辐照功率 > 废水进水浓度。在废水 pH 值为 9 时，确定的最佳工艺条件为辐照时间 7min、进水 COD 浓度1000～1500mg/L、辐照功率 480W、活性炭用量 7g。经过处理后的出水 COD 值为 48.28mg/L，COD 去除率为 96.4%。该法能较好地符合 Freundlich 等温式，得出 $q_e = 0.0971 C_e^{0.896}$，式中 0.896 即 $\dfrac{1}{n}$ 小于 1，说明便于吸附。

4）将三种方法进行了比较，得出活性炭-微波联用技术对阿莫西林废水的处理效果明显优于单独活性炭和单独微波处理。确定了活性炭-微波协同处理阿莫西林生产废水中有机物的作用机理不仅仅是通过活性炭的吸附，更重要的是通过活性炭-微波诱导催化氧化作用。

（3）载 COD 活性炭的再生。对于单独活性炭吸附实验中吸附饱和的活性炭，在溶剂氛围内，对其进行了微波再生实验。

1）考查了单因素溶剂体积分数、微波功率、辐照时间、固液物料比（饱和活性炭质量：再生溶剂体积）对活性炭再生率的影响，并在此基础上做了$L_9(3^4)$正交实验，通过比较极差得出各因素对处理效果的影响大小顺序为：辐照时间 > 固液物料比 > 微波功率 > 溶剂体积分数。实验的最优方案为溶剂体积分数45%、辐射时间 5min、微波功率 320W、固液物料比 1g：55mL，在此条件下活性炭的再生率为 82.4%。

2）活性炭在微波腔内加热再生过程中，其内微孔由于高温烧失变成中孔，而阿莫西林分子较大，更容易在中孔中被吸附，因此微波湿式溶剂法再生活性炭的一次再生效率和二次再生效率差不多。但是在第三次再生时，由于进一步的再生使活性炭烧失加剧，孔径进一步增大，活性炭的比表面积减小使活性炭吸附能力下降，从而使活性炭的再生效率开始明显下降。另外活性炭的再生损失率随着活性炭再生次数的增加而急剧上升。

（4）活性炭吸附乙醇废水。制备达到吸附饱和的载乙醇 GAC 实验确定的吸附温度为常温，吸附平衡时间为 2h，乙醇水溶液（质量分数 3.7%~75.0%）量与活性炭量的配比为 30mL：1g；测定了常温下 GAC 对水中低浓度乙醇（质量分数低于10%）的吸附等温线，发现可用 Freundlich 吸附模型较好地拟合。实验数据表明，上海国药集团化学试剂有限公司生产的 GAC 对乙醇质量分数为 4.9% 的水溶液中乙醇的饱和吸附量可达 214.34mg/g。

（5）微波精馏理论。第 5 章提出了微波精馏理论。微波共沸精馏解吸即通过微波的选择性，形成气相组成与液相组成的差异，来达到分离目的。简单蒸馏及常规精馏利用各组分挥发性的不同实现分离，而微波共沸精馏解吸主要利用微波对各组分加热效率不同这一点来达到分离目的。出口浓度曲线是体现微波选择性的重要参数，是衡量微波共沸精馏解吸分离效果的重要指标。出口浓度曲线越陡，峰形越尖锐，说明微波共沸精馏解吸过程不同时段的解吸气体组成差异越大，微波对各加热组分的选择性越强，分离效果越好。

（6）载乙醇活性炭氮气氛围解吸。第 5 章分析了微波解吸的分离过程及其依据。针对酒精工业中产生的淡酒液用 GAC 吸附-氮气氛围中微波解吸方法回收其中可利用的乙醇。设计了载乙醇 GAC 在氮气氛围中微波解吸的实验流程。通过载乙醇 GAC 在氮气氛围中微波解吸的实验研究得到以下结论：

1）各因素对再生炭亚甲蓝吸附值的影响从大到小依次为：微波功率 > 氮气

流量 > 活性炭量 > 辐照时间。

2）采用近似方法测定乙醇出口浓度曲线，发现微波功率越高，解吸越快，乙醇出口浓度曲线的峰形越尖锐，峰值越高，且越早出现。

3）质量分数为 4% ~8% 的乙醇水溶液经 3 次 GAC 吸附-氮气氛围中微波解吸循环后，乙醇浓度可提纯至 94% ~95%。

4）经过 9 次 GAC 吸附-氮气氛围中微波再生循环后，GAC 质量损耗率为28.3%，再生炭的吸附能力仍保持在较高的水平。

（7）载乙醇活性炭真空氛围解吸。第 5 章提出了真空微波解吸方法，分析了真空解吸的特点，设计了载乙醇 GAC 真空微波解吸试验流程。针对酒精工业中产生的淡酒液用 GAC 吸附-真空微波解吸方法回收其中可利用的乙醇。通过载乙醇 GAC 真空微波解吸试验研究得到以下结论：

1）各因素对再生炭亚甲蓝吸附值的影响从大到小依次为：活性炭量 > 平衡吸附量 > 辐照时间 > 微波功率。

2）质量分数为 4% ~8% 的乙醇水溶液经 3 次 GAC 吸附-真空微波解吸循环后，乙醇浓度可提纯至 97% ~98%。

3）分析了真空条件下解吸与氮气氛围中解吸的乙醇出口浓度曲线的差异，得出了本实验的这一关键结论：高浓度的乙醇水溶液，系统压力降低，气相中的乙醇增多，采用减压蒸馏，可使恒沸点向增加乙醇浓度的方向移动这一规律在以微波为加热源的情况下依然成立，且由于微波具有常规加热所不可比拟的选择性，这条规律体现得更加明显。

4）发现比起在氮气氛围中的解吸，载乙醇 GAC 的真空解吸速度更快，再生炭普遍具有更高的亚甲蓝吸附值及更低的质量损耗率。

（8）非均相扩展 Langmuir 模型及理想吸附溶液理论。

1）AHEL 模型的合理应用与纯组分 Unilan 吸附等温线的参数有关，不仅吸附组分的饱和吸附容量应近似（这将满足热力学一致性条件），而且最大吸附能也不应相差太大，否则有可能产生大的误差。在本书研究的体系中，当两组分的最大吸附能相差一倍时，预测结果仍然能很好地符合实验数据；但当两者相差更大时，尽管这些参数拟合单组分吸附等温线很好而且体系也符合热力学一致性条件，误差也迅速增加。

2）IAS 理论需要大量数值计算，包括数值积分。当以 D-R 方程作为纯组分吸附等温线时，该理论对数值积分的精度要求严格，需要达到 10^{-7}。如积分误差采用常用的 10^{-4}，则会带来明显的数值计算误差，可能使预测结果变坏。

8.2 创新点

本书的创新之处在于：

（1）将活性炭吸附技术应用到阿莫西林废水的处理中，通过考查不同的实验条件，确定最佳工艺条件，使废水出水达到国家排放标准。以往微波技术在废水处理中处理的往往是单一组分，或者两种组分，将微波技术应用到阿莫西林废水和生活废水的综合废水处理中，可以取得很好的处理效果，使 COD 去除率达 90% 以上，出水为 48mg/L，远远优于目前国家排放标准。

（2）将真空技术与微波解吸技术相结合，实现了微波解吸技术的高效分离提纯效果。通过相关实验方法及实验结果，实现了这一规律的证明：在以微波为加热源的情况下，减压蒸馏的分离效果被微波的选择性加强。对载乙醇活性炭来讲，在真空条件下进行解吸操作，微波解吸的分离效果更好，且比起在氮气氛围中解吸，载乙醇活性炭的真空解吸速度更快，再生炭普遍具有更高的亚甲蓝吸附值及更低的质量损耗率。

（3）提出了微波共沸精馏理论。

（4）IAS 理论需要大量数值模拟，包括数值积分。当以 D-R 方程作为纯组分吸附等温线时，该理论对数值积分的精度要求严格，需要达到 10^{-7}。如积分误差采用常用的 10^{-4}，则会带来明显的数值计算误差，可能使预测结果变坏。AHEL 模型的合理应用与纯组分 Unilan 吸附等温线的参数有关。

8.3　建议

未来需要继续探索的方面包括：

（1）在阿莫西林废水处理中只考查了 COD_{Cr} 去除率，建议考查多个水质指标，如 BOD_5、SS、阿莫西林含量等指标，并采取有效措施，实现在微波-活性炭联用处理技术中出水热能的回收和利用。

（2）本书实验所用的废水为实验室配制，成分单一，相对容易控制。为扩展本工艺的应用范围及实现工业应用价值，建议采用实际酒精工业中产生的乙醇含量为 4%~8% 的淡酒液进行中试实验，以探索适于实际工业应用的工艺路线。

（3）本书实验所用为 2450MHz 格兰仕 WP800 型家用微波炉，电能利用率较低。而实际工业生产中采用的微波频率通常是 915MHz，电能利用率较高，在这个微波频率下实验结果可能会有所不同，建议在这个微波频率下做研究。在实际应用中，应根据微波频率、功率、处理的规模、活性炭性质等参数合理地设计反应器的形式。

参 考 文 献

[1] 许保玖. 当代给水与废水处理原理讲义[M]. 北京：清华大学出版社，1983.

[2] Brian Gregory McConnell. A coupled heat transfer and electromagnetic model for simulating micro-wave heating of thin dielectric materials in a resonant cavity[M]. Master Degree Thesis，Virginia Polytechnic Institute and State University，1999，7：3-9.

[3] 唐军旺. 微波辐射下 NO 转化的研究[D]. 大连：中国科学院大连化学物理研究所，2001.

[4] 王鹏. 环境微波化学技术[M]. 北京：化学工业出版社，2003.

[5] Mingos D M P，Baghurst D R. Application of microwave dielectric heating effects to synthetic problems in chemistry[J]. Chemical Society Reviews，1991，20：1-47.

[6] Zlotorzynski A. The application of microwave radiation to analytical and environmental chemistry [J]. Critical Reviews in Analytical Chemistry，1995，25(1)：43-76.

[7] Kingston H M，Jassie L B. Introduction to Microwave Sample Preparation：Theory and Practice [M]. 郭振库，译. 北京：气象出版社，1992.

[8] 金钦汉. 微波化学[M]. 北京：科学出版社，2001.

[9] 王绍林. 微波加热原理及其应用[J]. 物理，1997，26(4)：232-237.

[10] David E Clark，Diane C Folz，Jon K West. Processing materials with microwave energy[J]. Materials Science and Engineering，2000，287：153-158.

[11] 杨伯伦，贺拥军. 微波加热在化学反应中的应用进展[J]. 现代化工，2001，21(4)：8-12.

[12] Theury J. Microwaves：Industrial，Scientific，and Medical Applications，Norwood[M]. UK：Artech House Inc，1992.

[13] 曹玉登. 煤制活性炭及污染治理[M]. 北京：中国环境科学出版社，1995.

[14] 范延臻，王宝贞. 活性炭表面化学[J]. 煤炭转化，2000，23(4)：26-30.

[15] 刘守新，王岩，郑文超. 活性炭再生技术研究进展[J]. 东北林业大学学报，2001，29(3)：61-63.

[16] 时运铭，段书德. 木质粉状活性炭的微波加热再生研究[J]. 河北化工，2002，9(6)：31-32.

[17] [日] 立本英机，安部郁夫. 活性炭的应用技术：其维持管理及存在问题[M]. 高尚愚，译. 南京：东南大学出版社，2002.

[18] 夏祖学，刘长军，闫丽，等. 微波化学的应用研究进展[J]. 化学研究与应用，2004，16(4)：441-444.

[19] 李本高，王建军，龙军，等. 工业水处理技术(第十二册)[M]. 北京：中国石化出版社，2008.

[20] 叶婴齐，梁光宇，葛宝英，等. 工业用水处理技术[M]. 2 版. 上海：上海科学普及出版社，2004.

[21] 丁桓如，龚云峰，闻人勤，等. 工业用水处理工程[M]. 北京：清华大学出版社，2005.

[22] 腾继濮. 水污染治理：从"九龙治水"到"流域管理"[N]. 科技日报，2011-03-11

（9）.

[23] 叶文玉. 水处理化学品[M]. 北京：化学工业出版社，2002.

[24] 赵雷. 超声强化臭氧/蜂窝陶瓷催化氧化去除水中有机物的研究[D]. 哈尔滨：哈尔滨工业大学，2008.

[25] 李国刚，李红莉. 持久性有机污染物在中国的环境监测现状[J]. 中国环境监测，2004，20(4):53-60.

[26] 郁亚娟，郭怀成，王连生，等. 淮河（江苏段）水体有机污染物风险评价[J]. 长江流域资源与环境，2005，14(6):740-743.

[27] 周文敏，傅德黔，孙宗光，等. 水中优先控制污染物黑名单[J]. 中国环境监测，1990，6(4):1-4.

[28] Li Xiaonian, Kong Lingniao, Xiang Yizhi, et al. A resource recycling technique of hydrogen production from the catalytic degradation of organics in wastewater[J]. Science in China Series B：Chemistry, 2008, 51(11):1118-1126.

[29] 袁懋. 典型水体有机污染物指示指标的研究——以吉林省为例[D]. 吉林：吉林大学，2008.

[30] 刘昕宇，杨勋兰，宋庆国，等. 黄河有机污染物挥发特性研究[J]. 水资源保护，2007，23(1):31-34.

[31] 曹波，任谦，崔志鸿，等. 嘉陵江C市段源水中有机污染物定性研究[J]. 四川环境，2006，25(6):78-80.

[32] Kong Xiangji, Li Xiangkun, Zhang Jie, et al. Apreliminary study on total remval efficiency of organic pollutants in sewage by Harbin municipal sewage treatment plant[J]. Journal of Harbin Institue of Technology (New Series), 2009, 16(5):628-632.

[33] 徐新宇. 太湖地区水体污染的分析和展望[J]. 环境管理，2010：93-95.

[34] 孟晓龙，周朝辛，杨祥，等. 电解法处理华北油田含油污水[J]. 油气田地面工程，2010，29(5):65-66.

[35] 赵国鹏，张招贤. 绿色环保型技术——电解法处理生活污水和工业废水（一）[J]. 电镀与涂饰，2009，28(1):37-42.

[36] 闫雷，于秀娟，李淑芹. 电解法处理化学镀镍废液[J]. 沈阳建筑大学学报（自然科学版），2009，25(4):762-766.

[37] Israilides C J, Vlyssides A G, Mourafeti V N, et al. Olive oil wastewater treatment with the use of an electrolysis system[J]. Bioresource Technology, 1997, 61(2):165-172.

[38] 韩凤来，程玉来. 电解法处理有机废水的初步研究[J]. 食品与机械，2006，22(1):22-26.

[39] Erdogan S, Onal Y, Akmil B C, et al. Optimization of mickel adsorption from aqueous solution by using activated carbon prepared from waste apricot by chemical activation[J]. Appl Surf Sci, 2005, 252(5):1324-2133.

[40] Gyliene O, Ailaite J. Recycling of Ni(Ⅱ)-citrate complexes using precipitation in alkaline solutions[J]. Journal of Hazardous Materials, 2004, B109：105-111.

[41] 张蓉蓉. Fenton 试剂氧化预处理橡胶促进剂 NS 生产废水的研究[J]. 污染防治技术, 2009, 22(5):9-11.

[42] Joaquin F, Perez-Benito. Reaction pathways in the decom-position of hydrogen peroxide cata-lyzed by copper(Ⅱ)[J]. Inorg Biochem, 2004, 15(5):430-438.

[43] Li Rongxi, Yang Chunping, Chen Hong, et al. Removal of triazophos pesticide from wastewater with Fenton reagent[J]. Journal of Hazardous Materials, 2009, 167(3):1028-1032.

[44] 王理, 鲍建国, 洪岩, 等. UASB + AF-生物接触氧化工艺处理皂素-酒精综合废水[J]. 环境工程学报, 2010, 5(4):967-970.

[45] Crite R W, Middlebrooks E J, Reed S C, et al. Natural Wastewater Treatment Systems[M]. New York McGraw-Hill, 2005.

[46] Zhang Jian, Huang Xia, Liu Chaoxiang, et al. Nitrogen removal enhanced by intermittent oper-ation in a subsurface wastewater infiltration system[J]. Ecol Eng, 2005, 25(4):419-428.

[47] 蔡可键. 活性炭净水应用技术问题的探讨[J]. 宁波高等专科学报, 1997, 9(1):40-43.

[48] 丁恒如, 闻人勤. 水处理活性炭的选择指标问题[J]. 中国给水排水, 2000, 16(7):19-22.

[49] 王琳, 王宝贞. 饮用水深度处理技术[M]. 北京: 化学工业出版社, 2002.

[50] 陈义标, 陈季华. 废水深度处理技术研究的现状和发展[J]. 污染防治技术, 2003, 16(3):43-46.

[51] 王爱平, 刘中华. 活性炭水处理技术在中国的应用前景[J]. 昆明理工大学学报, 2002, 27(6):48-51.

[52] 戴芳天. 活性炭在环境保护方面的应用[J]. 东北林业大学学报, 2003, 31(2):48-49.

[53] 丁洪斌, 丁蕴静. 活性炭在水处理中的应用方法研究与进展[J]. 工业水处理, 2003, 23(8):12-16.

[54] 王才, 韩超, 袁琳, 等. 制药废水生化处理试验研究[J]. 给水排水, 1999, 25(3):41-43.

[55] 王慧芳, 买文宁, 梁允, 等. IC 反应器处理维生素制药废水启动试验研究[J]. 水处理技术, 2009, 5(6):79-81.

[56] 吉剑, 刘峰, 蒋京东, 等. UASB 反应器处理制药废水的研究[J]. 山西化工, 2009, 29(5):56-59.

[57] 楚君, 杨义, 赵崇山, 等. 麦白霉素、香菇菌多糖制药废水的处理[J]. 工业用水与废水, 2009, 40(1):95-97.

[58] 董军玲, 赵颖. 制药废水处理工程实例[J]. 污染防治技术, 2008, 21(4):110-112.

[59] 刘鹏, 张兰英, 刘莹莹, 等. 组合生物技术处理制药废水及其生物相[J]. 吉林大学学报, 2010, 40(1):169-175.

[60] 孙维义, 宋宝增. 微波诱导氧化处理苯酚废水研究[J]. 西南科技大学学报, 2008, 23(1):61-65.

[61] 林业星, 刘慧, 王子波. 微波催化氧化联用技术处理敌百虫农药废水[J]. 扬子大学学报（自然科学版）, 2009, 12(4):40-44.

[62] 赵朝成，赵东风．超声/臭氧氧化处理硝基苯废水实验研究[J]．上海环境科学，2001，20(9):446-447.

[63] Mizera G, Petrier C. Ultrasonic intensification of chemical process and related operations a review[J]. Environment Science and Technology, 1996(33):75-81.

[64] 蒋柱武，谢丽．高温厌氧膨胀床反应器处理木薯酒精废水试验[J]．同济大学学报（自然科学版），2014，42(6):918-923.

[65] 孟昭，周立辉，张景林，等．新型生物膜反应器处理糖蜜乙醇废水试验研究[J]．湿法冶金，2012，1：18.

[66] Yu H Q, Zhao Q B, Tang Y. Anaerobic treatment of winery wastewater using laboratory-scale multi and single-fed filters at ambient temperatures[J]. Process Biochemistry, 2006, 41(12): 2477-2481.

[67] Potentini M F, Rodriguez-Malaver A J. Vinasse biodegradation by Phanerochaetechrysosporium [J]. Journal of Environmental Biology, 2006, 27(4):661-665.

[68] 薛艳龙．UASB-生物接触氧化工艺处理酒精废水的研究[D]．石家庄：河北科技大学，2012.

[69] 贾晓风．酒精废水综合处理技术及工程启动研究 [D]．郑州：郑州大学，2005.

[70] Rao T D, Viraraghavan T. Treatment of an Indian distillery wastewater[J]. Effluent and Water Treatment Journal, 1985, 25(11):394-396.

[71] Nähle C. Purification of wastewater in sugar factories-anaerobic and aerobic treatment, Nelimination[J]. Zuckerindustrie, 1990, 115(1):27-32.

[72] Li Jianguang, Zhang Chunyang, Zeng Guanglan, et al. Reclaiming bioenergy from alcohol wastewater by upflow anaerobic solid reactor process and high value use of biogas [C]. New Technology of Agricultural Engineering(ICAE),2011 International Conference on. IEEE, 2011: 537-539.

[73] 陈涛，孔德芳，王惠英，等．内循环 UASB 两种进水方式处理酒精废水的试验研究[J]．工业水处理，2013，32(12):30-33.

[74] Intanoo P, Suttikul T, Leethochawalit M, et al. Hydrogen production from alcohol wastewater with added fermentation residue by an anaerobic sequencing batch reactor (ASBR) under thermophilic operation[J]. International Journal of Hydrogen Energy, 2014, 39(18):9611-9620.

[75] 陈金荣，谢丽，罗刚，等．高温 CSTR-中温 UASB 两级厌氧处理木薯酒精废水[J]．工业水处理，2011，31(2):33-36.

[76] Nie Yingbin, Wang Nan, Can Jing. A project example on deep treatment and reuse of alcohol production wastewater[J]. China Brewing, 2008, 22：68-72.

[77] 孙俊伟，何争光，吴连成，等．填料-循环活性污泥系统处理酒精废水试验研究[J]．水处理技术，2012，38(9):47-49.

[78] 李济源，孙俊伟，曹文平，等．复合式 CASS 反应器处理酒精废水特性研究[J]．水处理技术，2014，10：28.

[79] 何争光，闫晓乐，吴连成，等．进水方式对填料/CASS 工艺处理酒精废水效果的影响

[J]. 工业水处理，2013，33(1):28-30.

[80] 严凯，姜涛，宋雅建，等. UASB-SBR 组合工艺处理小麦酒精废水[J]. 工业水处理，2014，34(9):57-60.

[81] 蓝炳杰. 厌氧(UASB) + 好氧（接触氧化）在高浓度酒精废水处理中的应用[J]. 北方环境，2013，8: 34.

[82] 于鲁冀，唐敏，刘培，等. 超滤-反渗透集成膜技术深度处理酒精废水[J]. 环境科学与技术，2012，35(7):82-85.

[83] 唐敏，宋宏杰，孔德芳，等. 混凝过滤-超滤-膜系统深度处理酒精废水试验研究[J]. 水处理技术，2012，38(7):95-97.

[84] 张志柏，朱义年，刘辉利，等. 蔗渣活性炭去除糖蜜酒精废水 COD 的实验研究[J]. 工业水处理，2009，29(12):23-25.

[85] 游少鸿，覃鸿东，朱义年. 竹炭吸附-微波辐射法去除糖蜜酒精废水中的 COD[J]. 桂林工学院学报，2009，29(4):535-538.

[86] You Song, Ma Lin, Xie Qin. Advanced treatment of molasses alcohol wastewater using Fenton-like reagent[C]//2011 Second International Conference on Mechanic Automation and Control Engineering，2011: 1911-1913.

[87] 石飞虹，赵银荣，刘利. 生物絮凝剂用于处理酒精废水的实验研究[J]. 中国科技博览，2013(1):295-296.

[88] 宋宏杰，刘培，唐敏，等. 混凝沉淀法深度处理酒精废水[J]. 环境工程学报，2012，6(12):4372-4376.

[89] Shen Peng, Han Fen, Su Si, et al. Using pig manure to promote fermentation of sugarcane molasses alcohol wastewater and its effects on microbial community structure[J]. Bio-resource technology，2014，155: 323-329.

[90] 陈渊，杨家添，刘国聪，等. 水热法制备 $BiVO_4$ 及其可见光催化降解糖蜜酒精废水[J]. 环境科学学报，2011，31(5):971-978.

[91] Quan Xi, Tao Ken, Mei Yi, et al. Power generation from cassava alcohol wastewater: effects of pretreatment and anode aeration[J]. Bioprocess and bio-systems engineering，2014: 1-8.

[92] 汪正范. 色谱定性与定量[M]. 北京: 化学工业出版社，2003.

[93] 熊开元，贺红举. 仪器分析[M]. 2 版. 北京: 化学工业出版社，2006.

[94] 阎贵生. 微波的致伤特点及防护[J]. 前卫医药杂志，1995，12(5):261-262.

[95] Cuccurullo G, Berardi P G, Carfagna R. IR temperature measurements in microwave heating [J]. Infrared Physics & Technology，2002，43(2):145-150.

[96] Liu F, Turner I, Bialkowski M. A finite-difference time-domain simulation of power density distribution in a dielectric loaded microwave cavity[J]. Journal of Microwave Power and Electro-magnetic Energy，1994，29(4):138-148.

[97] Roussy G, Jassm S, Thiebaut J M. Modeling of a fluidized bed irradiated by a single or multi-mode electric microwave field distribution[J]. Journal of Microwave Power and Electromagnetic Energy，1995，30(1):178-187.

[98] 崔凤英，李莉. 微波场的温度测量[J]. 计量测试，2002，5(1):36-37.

[99] Menendez J A，Menendez E M，Pis J J. Thermal treatment of active carbons：A comparison between microwave and electrical heating[J]. Journal of Microwave Power and Electromagnetic Energy，1999，34(3):137-143.

[100] 刘迎春，叶湘宾. 现代新型传感器原理及应用[M]. 北京：国防工业出版社，1998.

[101] 曹晔，胡文祥，谭生建. 光纤温度传感器[J]. 科学（Scientific American 中文版），1996，12(1):41.

[102] 高桥清，小长井诚. 传感器电子学[M]. 北京：宇航出版社，1987.

[103] 郁有文，常健. 传感器原理及工程应用[M]. 西安：西安电子科技大学出版社，2000.

[104] Liu X T，Xie Q，Bo L L，et al. Temperature measurement of GAC and decomposition of PCP loaded on GAC and GAC-supported copper catalyst in microwave irradiation[J]. Applied Catalysis A：General，2004，264(1):53-58.

[105] 田森林. 载甲苯活性炭微波辐照再生应用基础研究[D]. 昆明：昆明理工大学，2000.

[106] 毕先钧，谢小光，王真，等. 微波加热技术在有机合成和材料制备等方面的应用进展[J]. 云南化工，1998，2：7-10.

[107] 王鹏辉，冯国龙，马文婵. 阿莫西林的反应机理及反应进程的监测[J]. 河北化工，2006，29(7):30-31.

[108] 郑玉林，管海英. 阿莫西林的合成工艺改进[J]. 中国抗生素，2010，35(4):274-277.

[109] 李广斌. 阿莫西林（氨苄西林）的工艺改进[D]. 中国优秀博硕士学位论文全文数据库（硕士），2006.

[110] 朱康玲，康月菊，尹翠英，等. 关于阿莫西林中聚合物杂质的研究[J]. 石家庄职业技术学院学报，2006，18(2):9-10.

[111] 王艳艳，朱科，谭清钟. 阿莫西林结晶过程的研究[J]. 河北化工，2007，30(1):22-23.

[112] 张耀斌. 微波辅助湿式空气氧化水中难降解有机物的研究[D]. 大连：大连理工大学，2005.

[113] 韩永忠，谌伟艳，陈金龙，等. 活性炭微波辅助溶剂再生研究[J]. 环境科学与技术，2006，29(8):25-27.

[114] Choundary V R，Akolekar D B. Single and multicompoent sorption/diffusion of hydrocarbons form their iso-octane solution in HZS M-5 zeolite[J]. Chemical Engineering Science，1989，44(5):1047-1060.

[115] Casillas J L，Martinez M. Modeling of the Adsorption of Cephalosporin C on Modified Resin in a Stirred Tank[J]. Chemical Engineering Journal，1993，52(5):71-75.

[116] Walker G M，Weatherley L R. Adsorption of dyes from aqueous solution——the effect of adsorbent pore size distribution and dye aggregation[J]. Chemical Engineering Journal，2001，83(4):201-206.

[117] Ludlow P C. Microwave Induced Pyrolysis of Plastic Wastes[J]. Industry & Engineering Chemistry Research，2001，40：4749-4756.

[118] Tai H S, Jou C J G. Application of granular activated carbon packed-bed reactor in microwave radiation field to treat phenol[J]. Chemosphere, 1999, 38(11):2667-2680.

[119] Tang C S, Lai P M C. Microwave of spent powder of activated carbon[J]. Chemical Engineering communications, 1996, 147(2):17-27.

[120] Guan Chunyu, Ma Jun, Liu Guifang, et al. Purification of Songhua River water with an integrated O_3/AC-GAC process[J]. Journal of Harbin Institute of Technology (New Series), 2010, 4(17):558-563.

[121] Mayers M, Barriada J, Pereira E. Microwave-assisted extraction versus Soxhlet extraction in the analysis of 21 organochlorine pesticides in plants[J]. Journal of Chromatography A, 2003, (1008):115-122.

[122] Jones D A. Microwave heating application in environmental engineering——a review[J]. Resources, Conservation and Recycling, 2002, 34(2):75-90.

[123] 张国宇, 王鹏, 姜思朋, 等. 微波诱导氧化处理雅格素红 BF-3B150% 染料废水的研究 [C]. 第三届环境模拟与污染控制学术研讨会论文集. 北京: 清华大学出版社, 2003, 11-12.

[124] 吕春绪, 诸松渊. 化验室工作手册[M]. 南京: 江苏科学技术出版社, 1994.

[125] 菲克定律[OL]. [2015-3-30]. http://baike.baidu.com/view/3065444.htm.

[126] Hu X, Do D D. Comparing Various Multicomponent Adsorption Equilibrium Models [J]. AIChE Journal. 1995, 41(4):1585-1591.

[127] Kapoor A, Ritter J A, Yang R T. An Extended Langmuir Model for Adsorption of Gas Mixtures on Heterogeneous Surfaces[J]. Langmuir, 1990, 6(1):660-664.

[128] Kaul B K. Modern Version of Volumetric Apparatus for Measuring Gas-Solid Equilibrium Data [J]. Industrial & Engineering Chemistry Research, 1987, 26(2):928-933.

[129] Richter E, Schütz W, Mayers A L. Effect of Adsorption Equation on Prediction of Multicomponent Adsorption Equilibria by the Ideal Adsorption Solution Theory[J]. Chemical Engineering Science, 1989, 44(5):1609-1616.

[130] Valenzuela D P, Mayers A L. Adsorption Equilibrium Data Handbook[M]. New Jersey: Prentice-Hall, 1988.

[131] Valenzuela D P, Mayers A L, Talu O, et al. Adsorption of Gas Mixtures: Effect of Energetic Heterogeneity[J]. AIChE Journal, 1989, 34(3):397-402.

[132] Talu O, Mayers A L. Rigorous Thermodynamic Treatment of Gas Adsorption[J]. AIChE Journal, 1988, 34(5):1887-1893.

[133] Lim L T, Auras R, Rubino M. Processing technologies for poly(lactic acid)[J]. Progress in Polymer Science, 2008, 33(2):820-852.

[134] Menéndez J A, Arenillas A, Fidalgo B, et al. Microwave heating processes involving carbon materials[J]. Fuel Processing Technology, 2010, 91(5):1-8.

[135] Tsubaki S, Iida H, Sakamoto M, et al. polyphenols, and plant biopolyester[J]. Journal of Agricultural and Food Chemistry, 2008, 56(4):1293.

[136] Warrand J, Janssen H G. Controlled production of oligosaccharides from amylose by acid-hydrolysis under microwave treatment: Comparison with conventional heating[J]. Carbohydrate Polymers, 2007, 69(4):353-362.

[137] Yoshida T, Tsubaki S, Teramoto Y, et al. Optimization of microwave-assisted extraction of carbohydrates from industrial waste of corn starch production using response surface methodology[J]. Bioresource Technology, 2010, 101(5):7820-7826.

[138] Mayers A L, Prausnitz J M. Thermodynamics of mixed-gas adsorption[J]. AIChE Journal, 1965, 150(11):121-127.

冶金工业出版社部分图书推荐

书　名	作　者	定价(元)
我国金属矿山安全与环境科技发展前瞻研究	古德生	45.00
微颗粒黏附与清除	吴　超	79.00
生活垃圾处理与资源化技术手册	赵由才	180.00
城市生活垃圾直接气化熔融焚烧技术基础	胡建杭	19.00
生产者责任延伸制度下企业环境成本控制	刘丽敏	25.00
现代采矿环境保护	陈国山	32.00
冶金企业废弃生产设备设施处理与利用	宋立杰	36.00
中国式突破资源诅咒	刘　岩	30.00
矿山固体废物处理与资源化	蒋家超	26.00
冶金过程废气污染控制与资源化	唐　平	40.00
冶金过程废水处理与利用	钱小青	30.00
冶金企业污染土壤和地下水整治与修复	孙英杰	29.00
冶金过程废气污染控制与资源化	唐　平	40.00
绿色钢铁	武汉钢铁(集团)公司科学技术协会	39.00
工业分析化学	张锦柱	36.00
物理化学(第4版)(本科教材)	王淑兰	45.00
大学化学(第2版)(本科教材)	牛　盾	32.00
固体废物处置与处理(本科教材)	王　黎	34.00
化工安全(本科教材)	邵　辉	35.00
冶金企业环境保护(本科教材)	马红周	23.00
复合矿与二次资源综合利用(本科教材)	孟繁明	36.00
环境工程学(本科教材)	罗　琳	39.00
冶金企业安全生产与环境保护(高职高专教材)	贾继华	29.00
洁净煤技术(高职高专教材)	李桂芬	30.00
冶金工业分析(高职高专教材)	刘敏丽	39.00